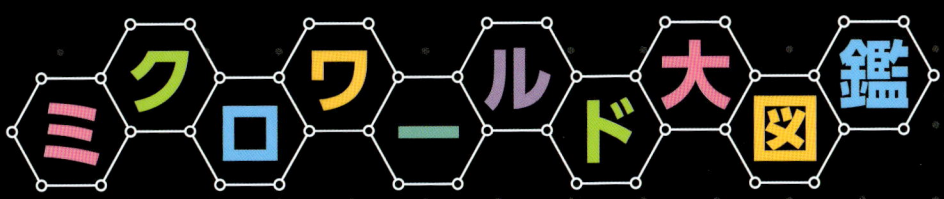

ミクロの世界を探検しよう

電子顕微鏡でのぞいてみよう！

宮澤七郎 ● 監修

医学生物学電子顕微鏡技術学会 ● 編

根本典子 ● 編集責任

小峰書店

小さなものを見る

透明な水晶玉やガラス玉を使うと、物が大きく見えることは古くから知られていました。今から400年あまり前、2つのレンズを組み合わせれば物がいっそう大きく見えることがわかり、望遠鏡が発明されました。それと同じころ、小さなものを見る顕微鏡もつくられたのです。

顕微鏡によって、肉眼では見えない微生物の存在が明らかになり、人々はとてもおどろきました。おそろしい伝染病は、そ

物の大きさと見る道具

とても小さな原子から巨大な天体まで、人間は道具を使って、いろいろな大きさのものを見ています。

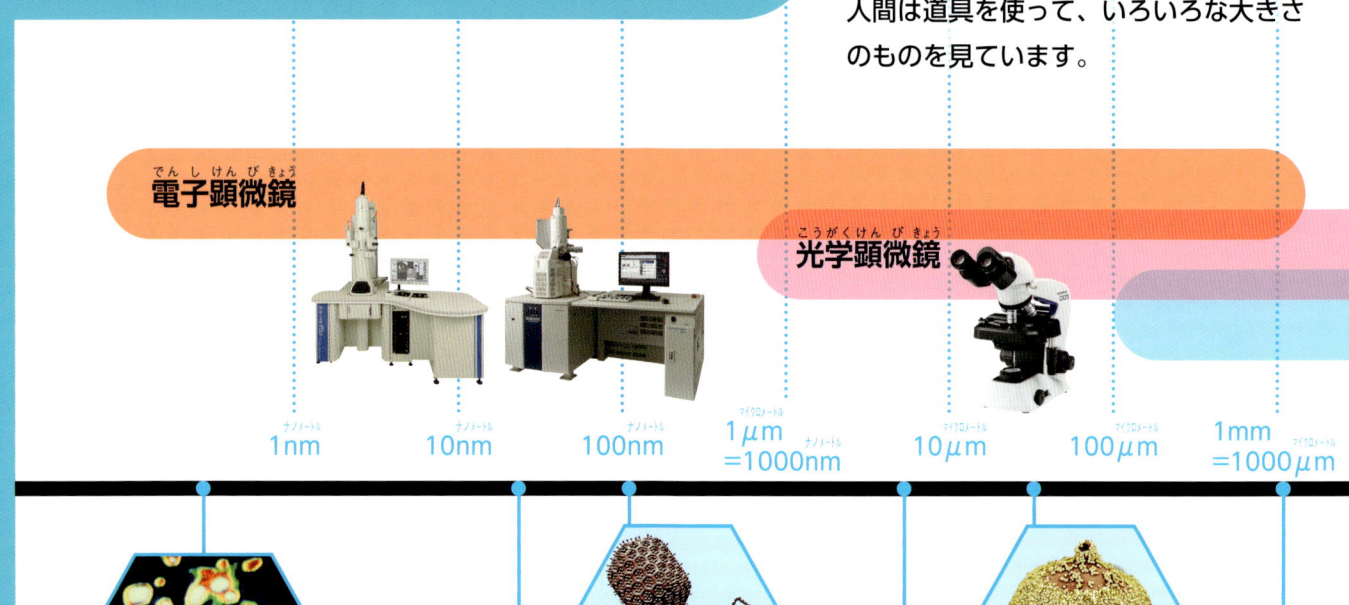

電子顕微鏡　　光学顕微鏡

1nm　10nm　100nm　1μm=1000nm　10μm　100μm　1mm=1000μm

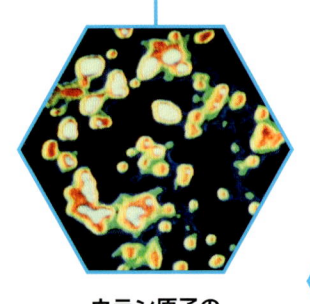
ウラン原子の直径
0.3nm

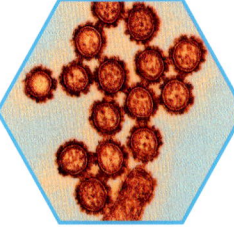
ウイルスの大きさ
30〜200nm

バクテリオファージの大きさ
100nm

赤血球の直径
7μm

スギ花粉の直径
30μm

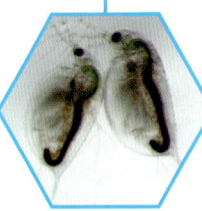
ミジンコの体長
1mm

▶気管の内側

れまでは呪いやたたりのせいだと信じられてきましたが、細菌が原因だとわかり、予防できるようになったのです。

今では、1mmの100万分の1の大きさのものも見られる電子顕微鏡が開発され、細菌より小さいウイルスや、物質の元である原子など、さらにいろいろなものが見られるようになりました。そんなおどろきのミクロワールドを、ぜひ、いっしょに探検してみましょう。

$1\,\text{nm} = \dfrac{1}{1000}\,\mu\text{m} = \dfrac{1}{100万}\,\text{mm}$

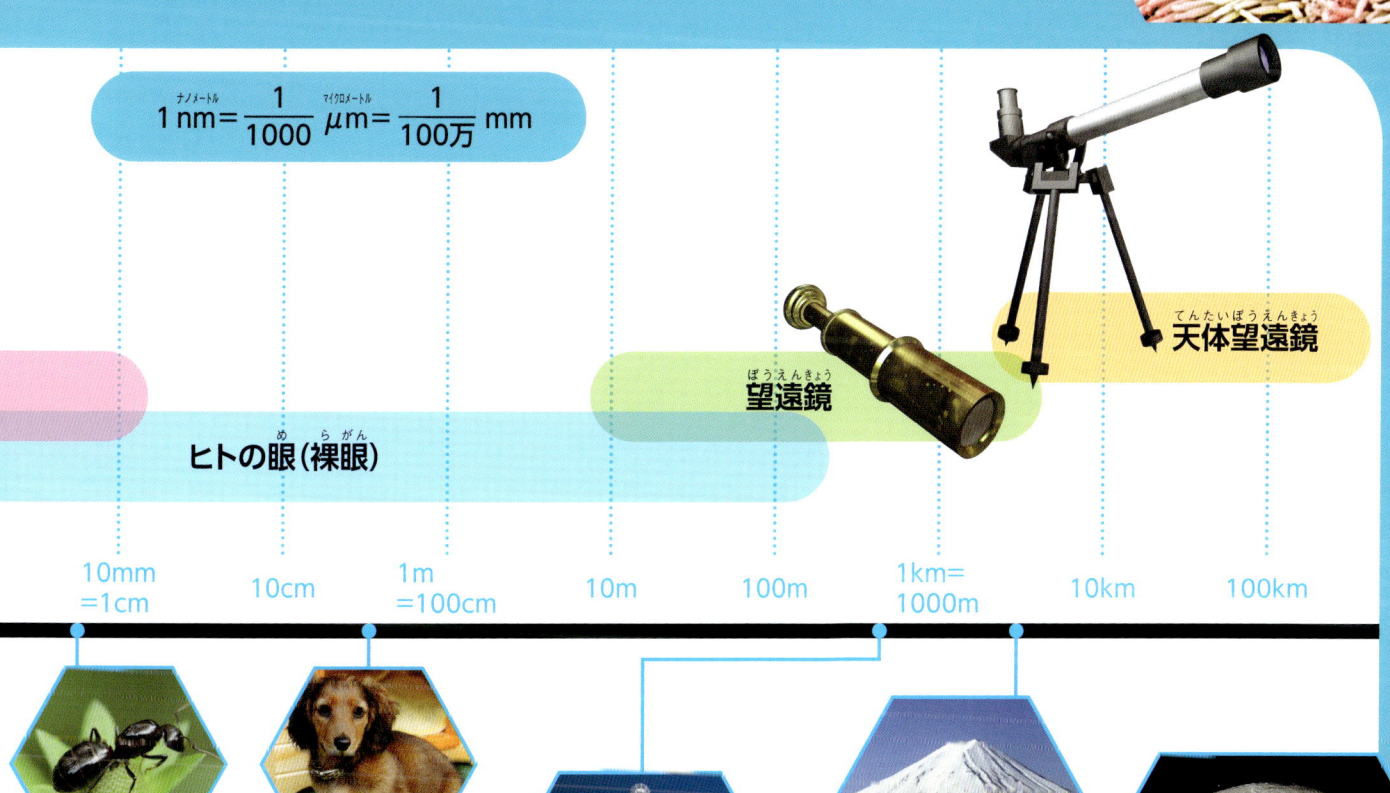

ヒトの眼（裸眼）　望遠鏡　天体望遠鏡

10mm=1cm　10cm　1m=100cm　10m　100m　1km=1000m　10km　100km

アリの体長
8mm

イヌの体長
45cm

東京スカイツリーの高さ
634m

富士山の標高
3776m

月の直径
3476km

もくじ

小さなものを見る ———— 2
物の大きさと見る道具 ———— 2

① **身近なミクロの世界**
　を見てみよう ———— 6

② **ふしぎなミクロの世界**
　を見てみよう ———— 14

③ **飛び出すミクロの世界**
　を見てみよう ———— 20

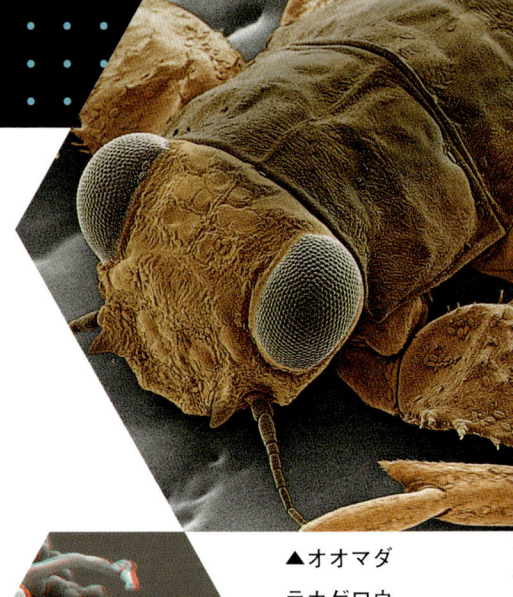
▲オオマダラカゲロウの幼虫
◀サザンカの花粉 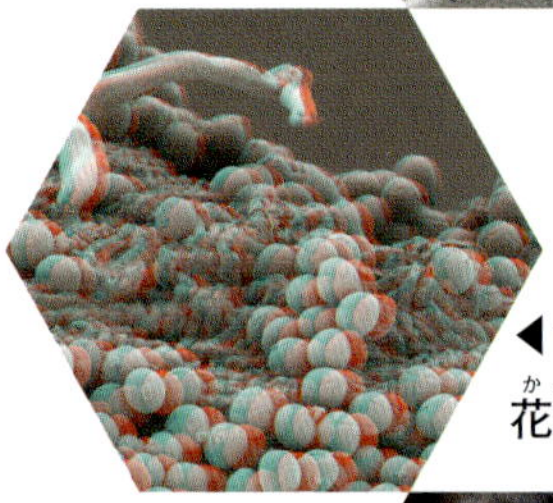

▲もちにはえたカビ

④ **生き物に学ぶ技術**
　を見てみよう ———— 26

⑤ **顕微鏡の歴史**を見てみよう — 28

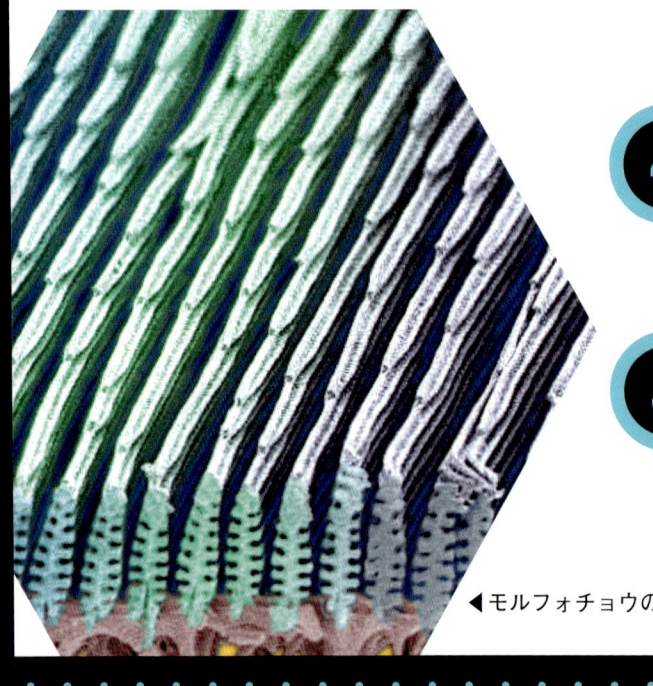
◀モルフォチョウの鱗粉

電子顕微鏡でのぞいてみよう！ ミクロワールド大図鑑

❻ 光学顕微鏡を見てみよう ── 30

❼ 電子顕微鏡を見てみよう ── 34

子どもミクロワールド写真館 ── 38
さくいん ── 40

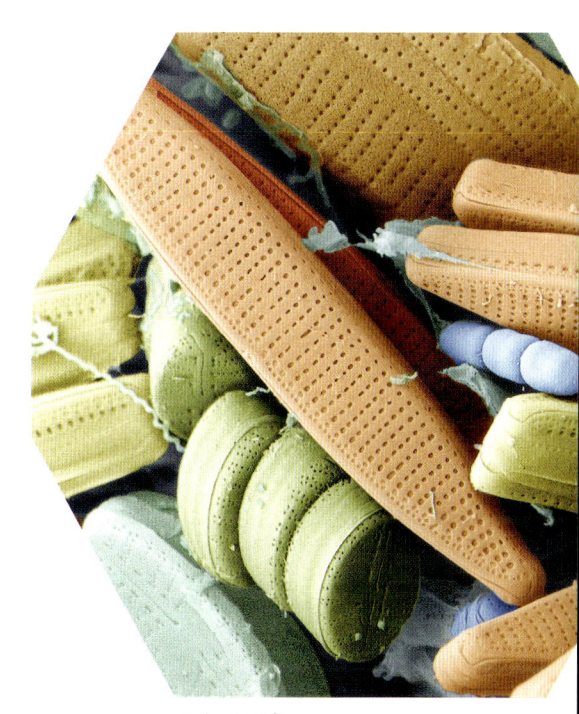

▲ケイソウ

この本の見方

写真を撮影した顕微鏡の種類 ······· 写っているものの名前

走査型電子顕微鏡
観察するものに電子線を当て、反射した電子をもとに画像を映しだす。

透過型電子顕微鏡
観察するものに電子線を当て、通りぬけた電子をもとに画像を映しだす。

光学顕微鏡
レンズによって、観察するものを拡大して見られるようにする。

食塩 ×140

写真に写っているものの倍率 ······
「×140」は、実物の140倍の大きさという意味。

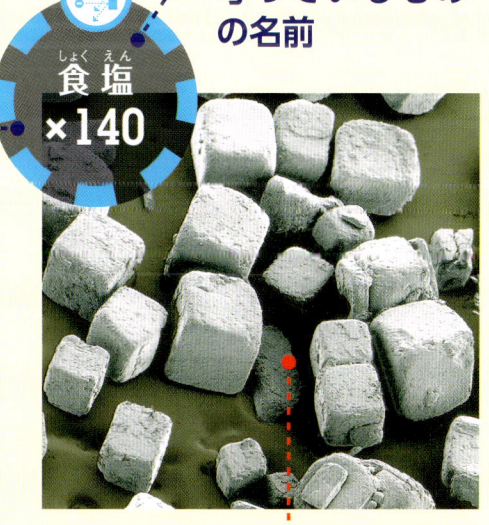

電子顕微鏡の写真はもとは白黒ですが、この本では色をつけてあります。
この本の写真の色と実際の色とは異なる場合もあります。

1 身近なミクロの世界
を見てみよう

いつも食べている物や、家にある布などの素材、よく見る生き物も、電子顕微鏡を使えば、おもしろい姿を見ることができます。

いろいろな食べ物

固いからには空気が通るすきまがある。からの内側のうすいまくは、細かい繊維でできている。

から

うすいまく

卵のからの断面 ×730

でんぷんの粒

ソバの実
×1100

ソバの実の断面。でんぷんの粒がたくさんつまっている。

食塩
×140

食塩は人工的につくられた塩。粒はみな、サイコロのような形をしている。

皮

果肉

ナシ
×70

石細胞
×4900

皮の下にたくさんの細胞が集まっている。シャリシャリした食感のもとである石細胞も見える。

石細胞は、外側の細胞壁が固く厚くなっている。

◎ いろいろな素材

木綿の布 ×55

木綿の糸が、たて横に組み合わせられている。1本1本の糸も、細い繊維が束になっていることがわかる。

ナイロン ×50

繊維が、ところどころループをつくりながら、ゆるやかに結びついている。

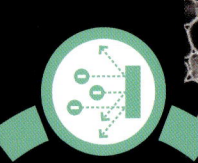

竹炭（たけずみ）×120

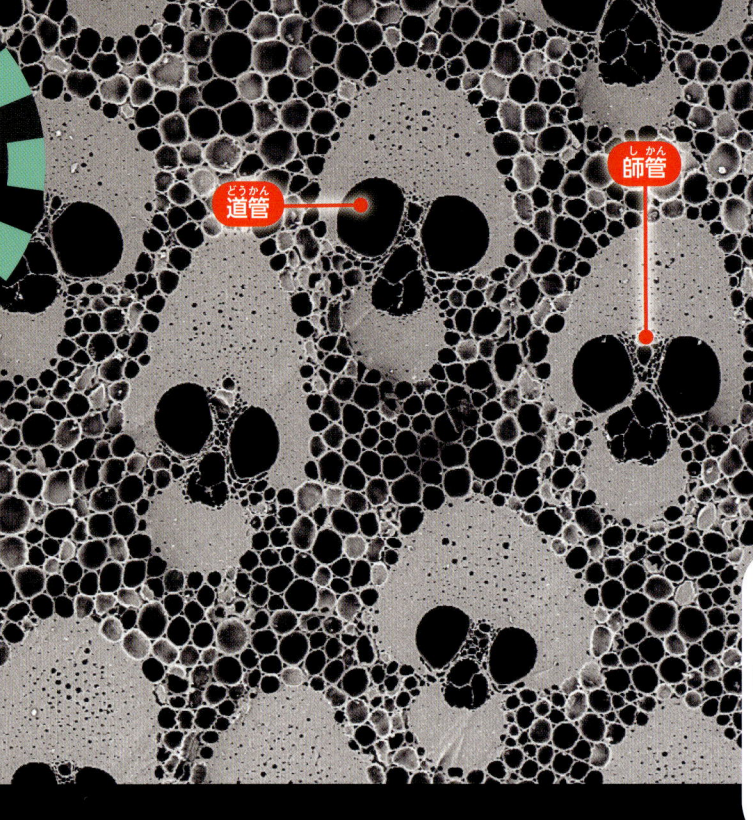

道管（どうかん）　師管（しかん）

竹炭は、竹を焼いたもので、におい取りなどに使われる。竹炭の断面には、土から吸いあげた水を全身に送る道管と、栄養分を全身に送る師管が見られる。

発泡（はっぽう）スチロール ×970

発泡スチロールは、石油からつくられるポリスチレンをふくらませたもの。たくさんすきまがあって、そこに空気がふくまれるので、軽く、あつかいやすい。

いろいろな生き物

ケイソウ ×1万7200

ケイソウは海や川にすむ微生物で、いろいろな形をしている。植物と同じように二酸化炭素と水と日光からでんぷんをつくる。

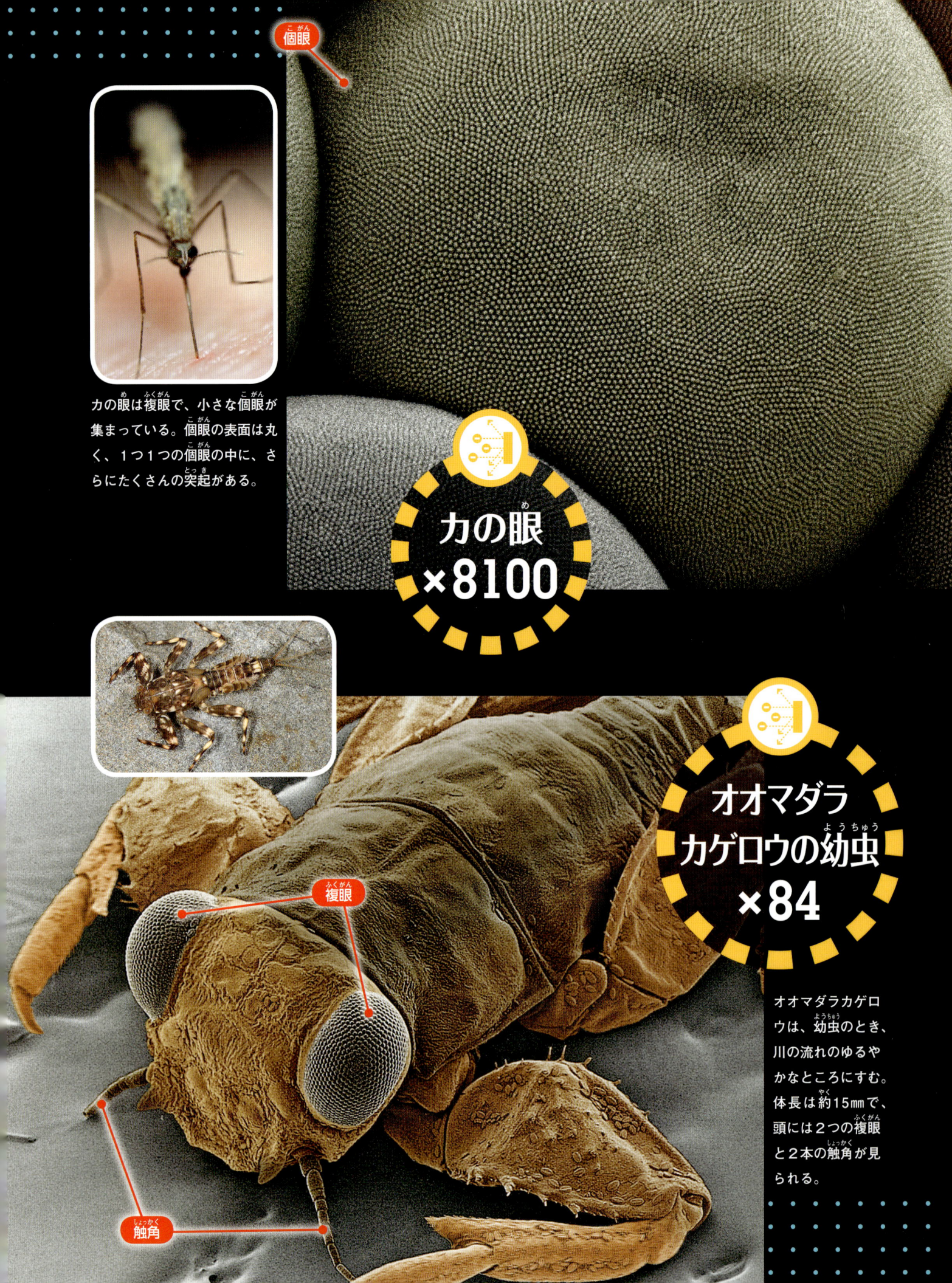

個眼

カの眼は複眼で、小さな個眼が集まっている。個眼の表面は丸く、1つ1つの個眼の中に、さらにたくさんの突起がある。

カの眼
×8100

オオマダラ
カゲロウの幼虫
×84

複眼

触角

オオマダラカゲロウは、幼虫のとき、川の流れのゆるやかなところにすむ。体長は約15mmで、頭には2つの複眼と2本の触角が見られる。

マグロの筋肉 ×500

マグロはつねに海中を泳ぎ続けるため、筋肉も持続的な運動に向いた赤筋が大部分をしめている。断面を見ると、細長い線維（細胞）が集まっていることがわかる。

2 ふしぎなミクロの世界
を見てみよう

世界のさまざまなものを、いろいろな視点から、自由に見て発想することをユニバソロジといいます。この考え方に立って、電子顕微鏡で見たさまざまなものを、形がにている別のものに見立てて、自由に色をぬってみました。元の写真は何でしょうか。ミクロの世界で遊んでみましょう。

あやしすぎる! なぞの生き物たち

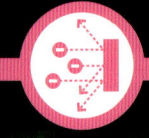

大きな口とするどいきばで人をおそう!?

人食い花 ×100

ほんとうは、イカのうでの吸盤。内側に歯のようにとがったギザギザがついている。

おばけサボテン ×140

ほんとうは、チョウのあしのつけ根の部分。毛の中に、鱗粉がくっついている。

真っ赤な花びらで、えものをさそう!?

オレンジの眼と赤い舌のいたずら者!?

おしゃれな妖精 ×80

ほんとうは、ミツバチ。

なめると甘い? おかしの国

抹茶味、いちご味、ホワイトチョコもあるよ

チョコレート ×140

ほんとうは、こんぺいとう。

きらめく光のアート

ステンドグラス ×400

ほんとうは、べっこうあめ。

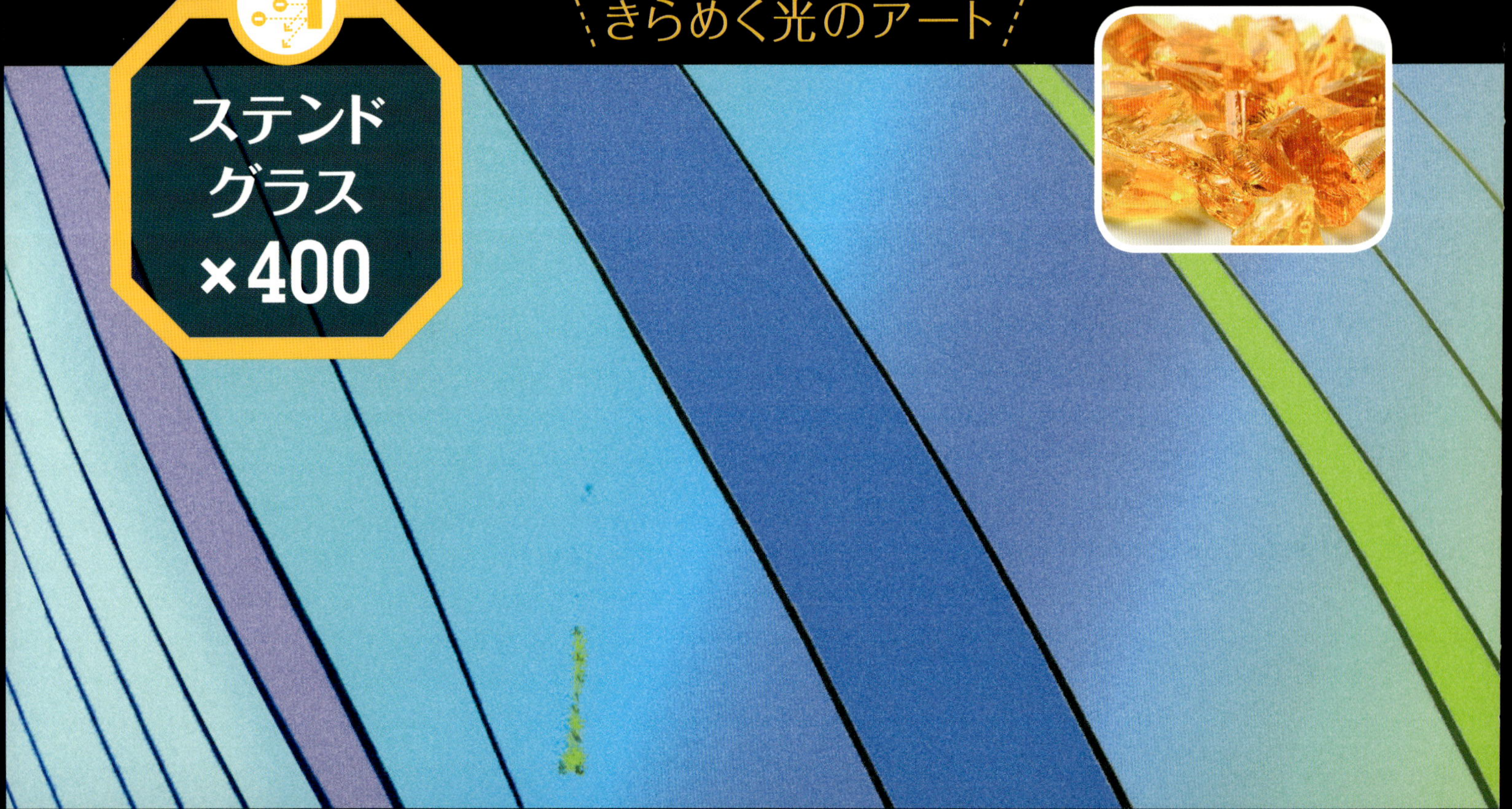

みんなを
おどろかすのが
大好き!?

ほんとうは、たんきりあめの断面。

おばけ
×100

ブロッコリー
×170

サラダに
すると
おいしい!?

ほんとうは、げんこつあめの断面。

正体が気になる ふしぎなものたち

\荒い波が岩をおそう!?/

嵐の海 ×270

ほんとうは、メロンパンの表面。岩のように見えるのは砂糖。

\色とりどりの海藻とサンゴ!?/

海の底 ×1100

ほんとうは、もちにはえたカビ。たくさんある丸い粒は胞子。

雪山 ×530

ほんとうは、コーンスナック。ところどころに見える岩のようなものは、でんぷんの粒。

真っ白な雪がふりつもる!?

プリプリしたご飯のおかず!?

ほんとうは、ソバの実の断面。

スジコ ×1630

3 飛び出すミクロの世界
を見てみよう

平らな紙に写っているのに、まるで中から飛び出してくるように見える立体写真。
専用のめがねをつくって、立体的なミクロの世界をのぞいてみましょう。

立体写真のしくみ

人間の左目と右目は約7cmはなれていて、左目で見た像と右目で見た像には少しずれがあります。このずれた像の情報が脳にとどくと、脳はそれらをまとめて立体的な1つの像にするのです。立体写真はこのしくみを応用したもので、撮影した2つの画像を左右に少しずらして1枚の写真に合体させます。これを、左に赤、右に青のセロファン紙をはっためがねをかけて見ると、写真が立体的に見え、中のものが飛び出してくるように感じられるのです。

2つの眼の見え方のちがい
左目で見た像　右目で見た像

立体めがねをつくろう

用意するもの　厚紙、赤のセロファン、青のセロファン、カッターナイフ（または、はさみ）、のり、セロハンテープ（または両面テープ）

つくり方

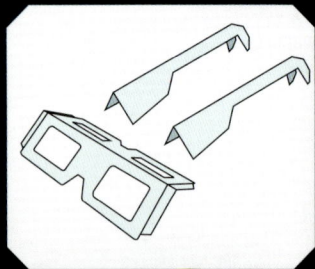
1 この本の表紙裏にある図を厚紙に写すか、図をコピーして厚紙にはる。黒い線にそって紙を切る。左右の眼の部分もカッターで切り取る。

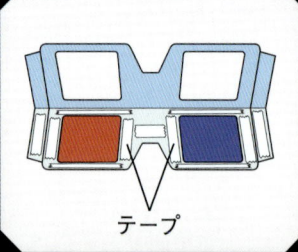
2 赤と青のセロファンをそれぞれ3×5cmの大きさに切り、めがねをかけたとき、左に赤、右に青がくるように、裏側からテープではる。

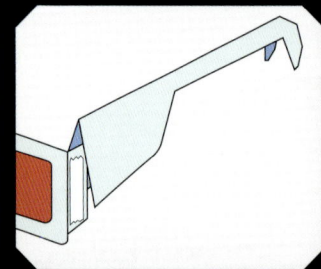
3 めがねの本体と左右のつるを、それぞれ折り線で2つに折る。それから、めがねの本体につるをはりつける。

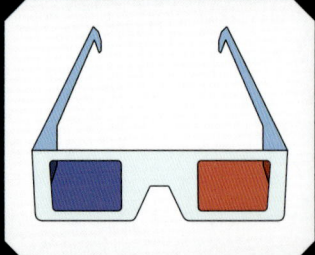
4 本体とつるの下の部分をしっかりはりあわせたら、できあがり。

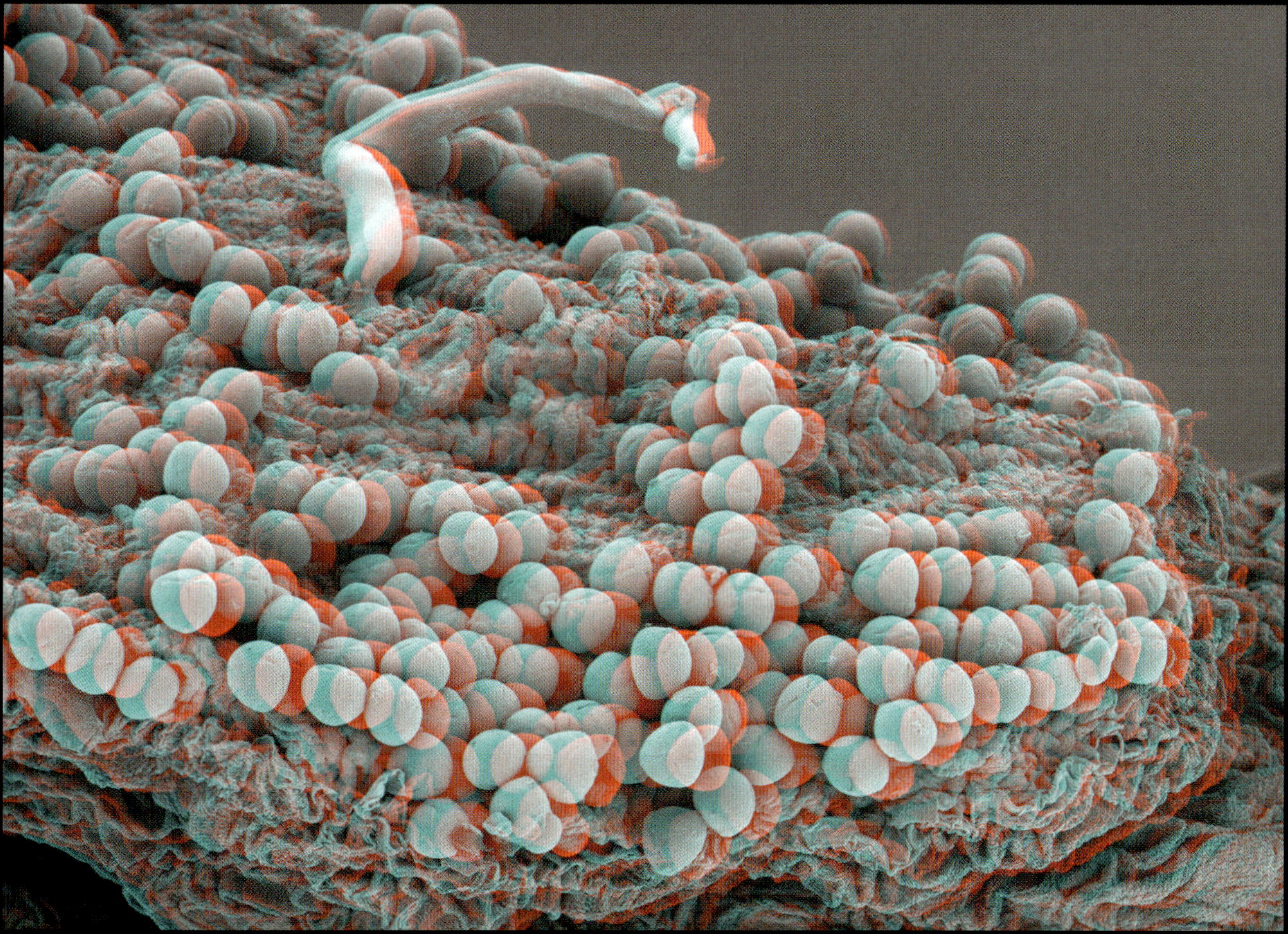

サザンカの花粉 ×200

サザンカの花粉には、それぞれみぞがあり、ここから花粉管という管が出てのびてくる。

立体めがねをかけても写真が立体的に見えないときは、本を少しはなして見てみましょう。

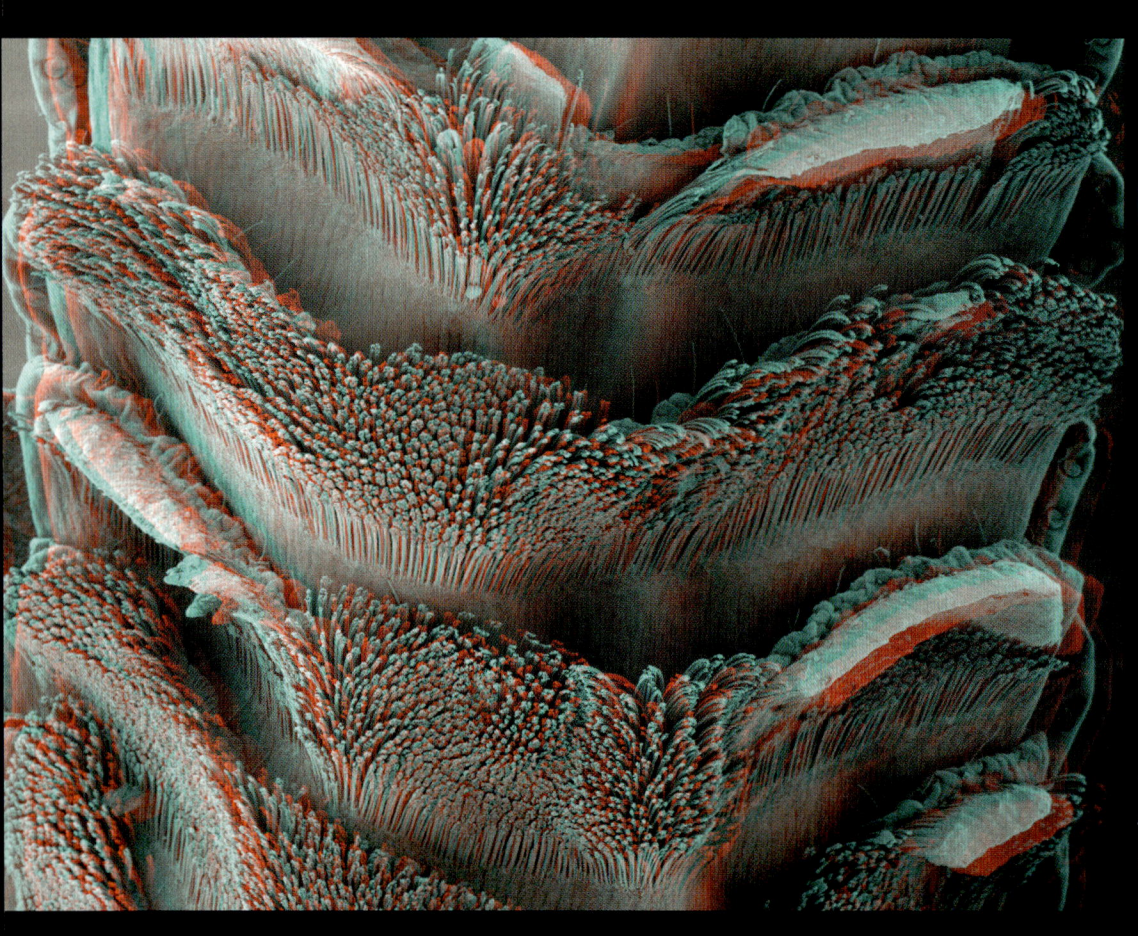

ヤモリの あしのうら ×130

ヤモリのあしのうらには細かい毛がたくさんある。この毛のおかげで、壁をはい上がることができる。

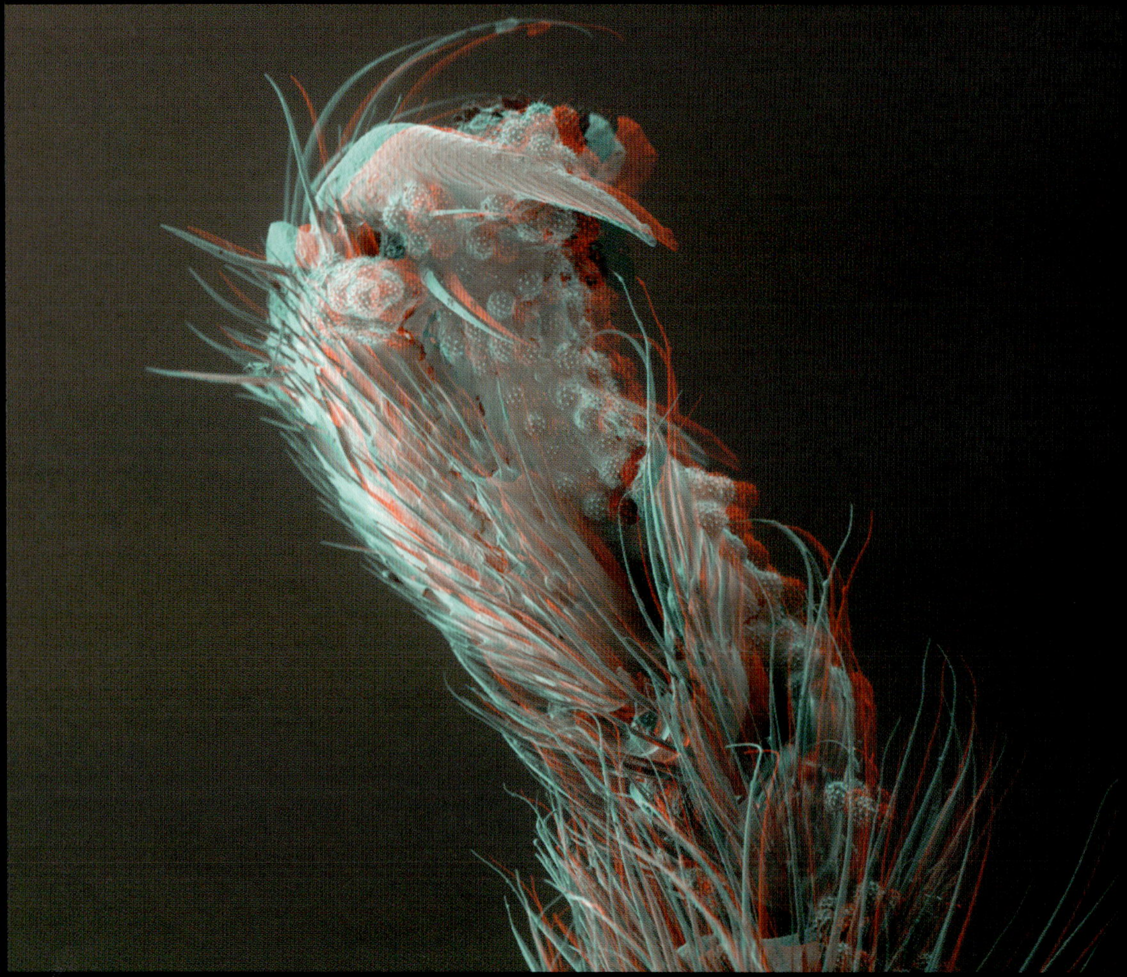

ミツバチ のあし ×150

ミツバチのあしの先。毛がはえていて、ところどころに花粉がついている。

もちに はえたカビ ×1000

もちには、クロカビ、アオカビなどがはえる。糸のようにのびた菌糸の先に丸い胞子がたくさんついている。

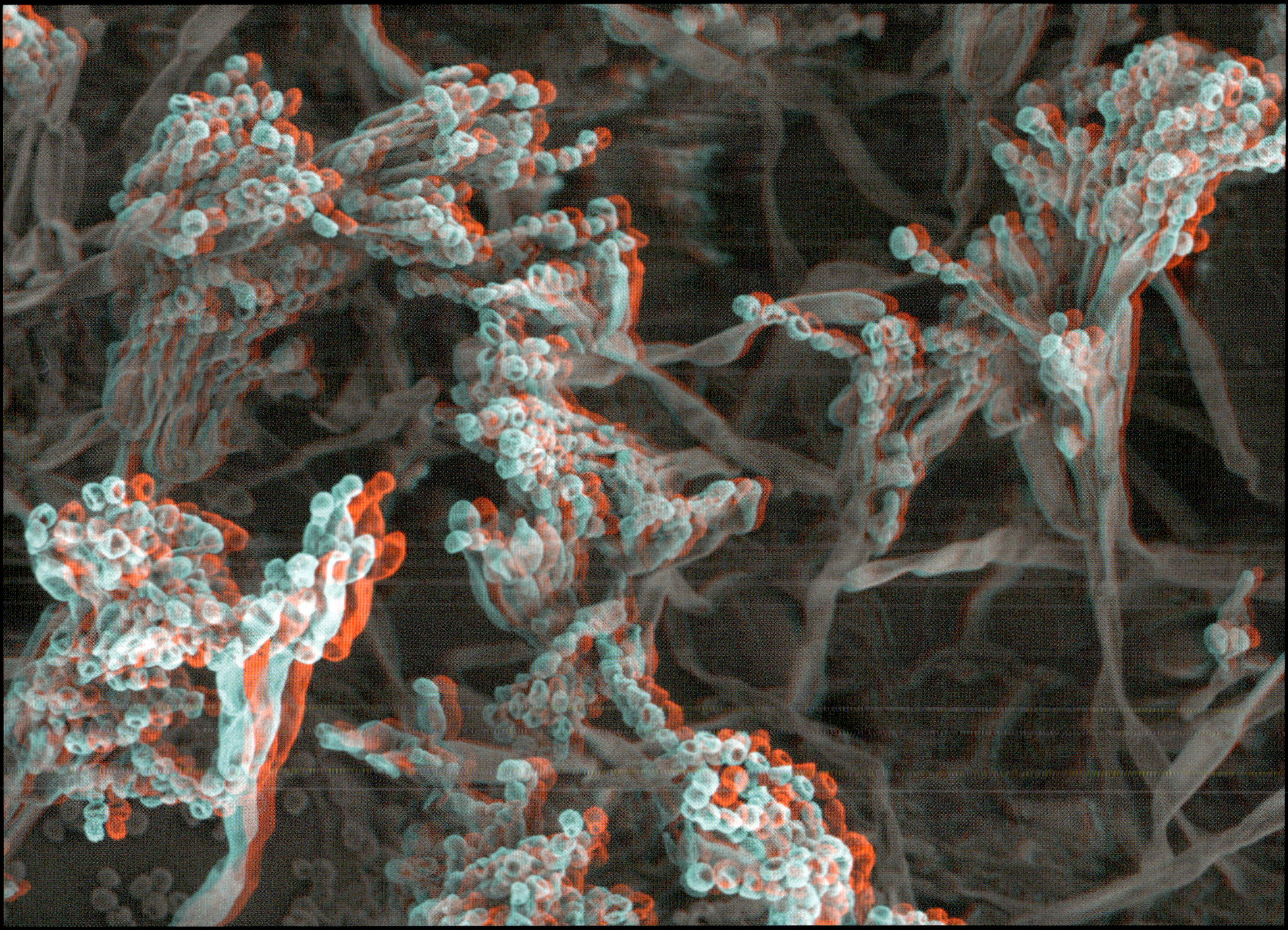

立体めがねをかけても写真が立体的に見えないときは、本を少しはなして見てみましょう。

ハエトリソウ ×130

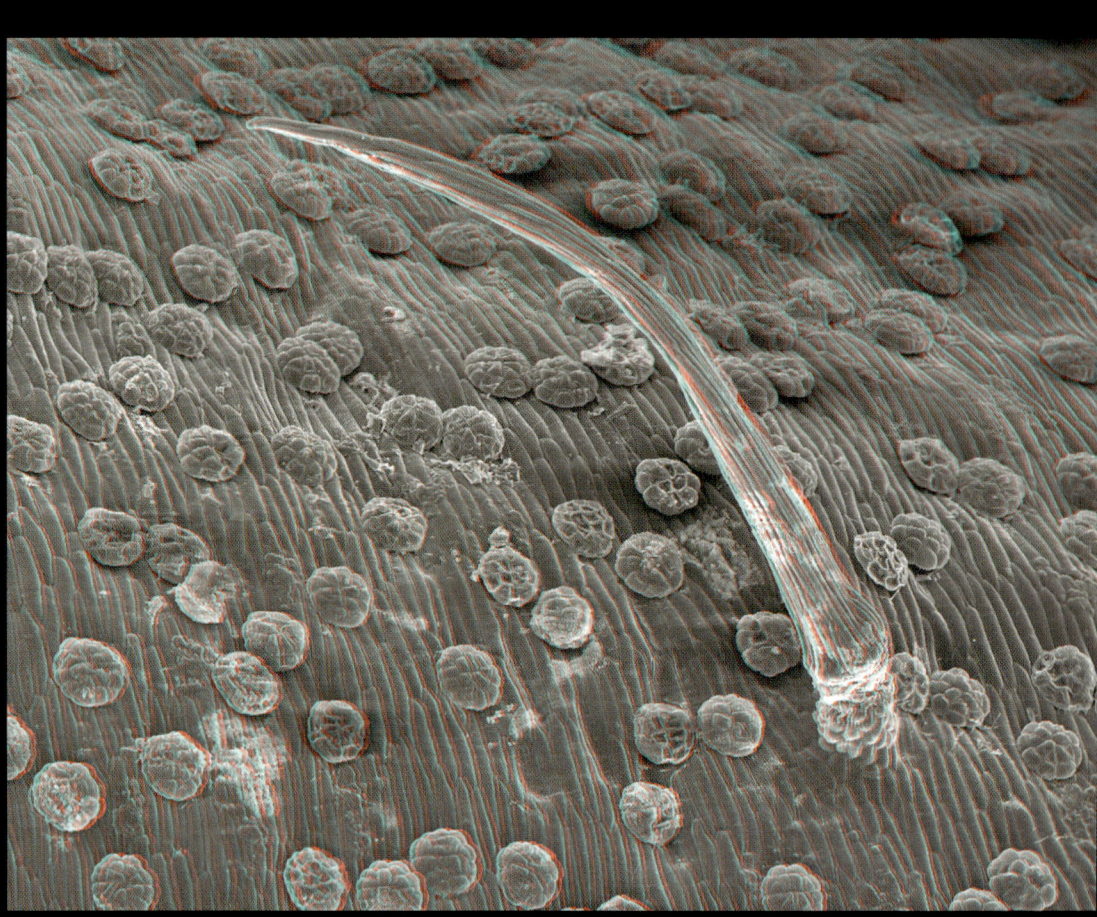

長くのびているのは感覚毛。これに虫がふれると、葉がとじて、虫をとじこめてしまう。

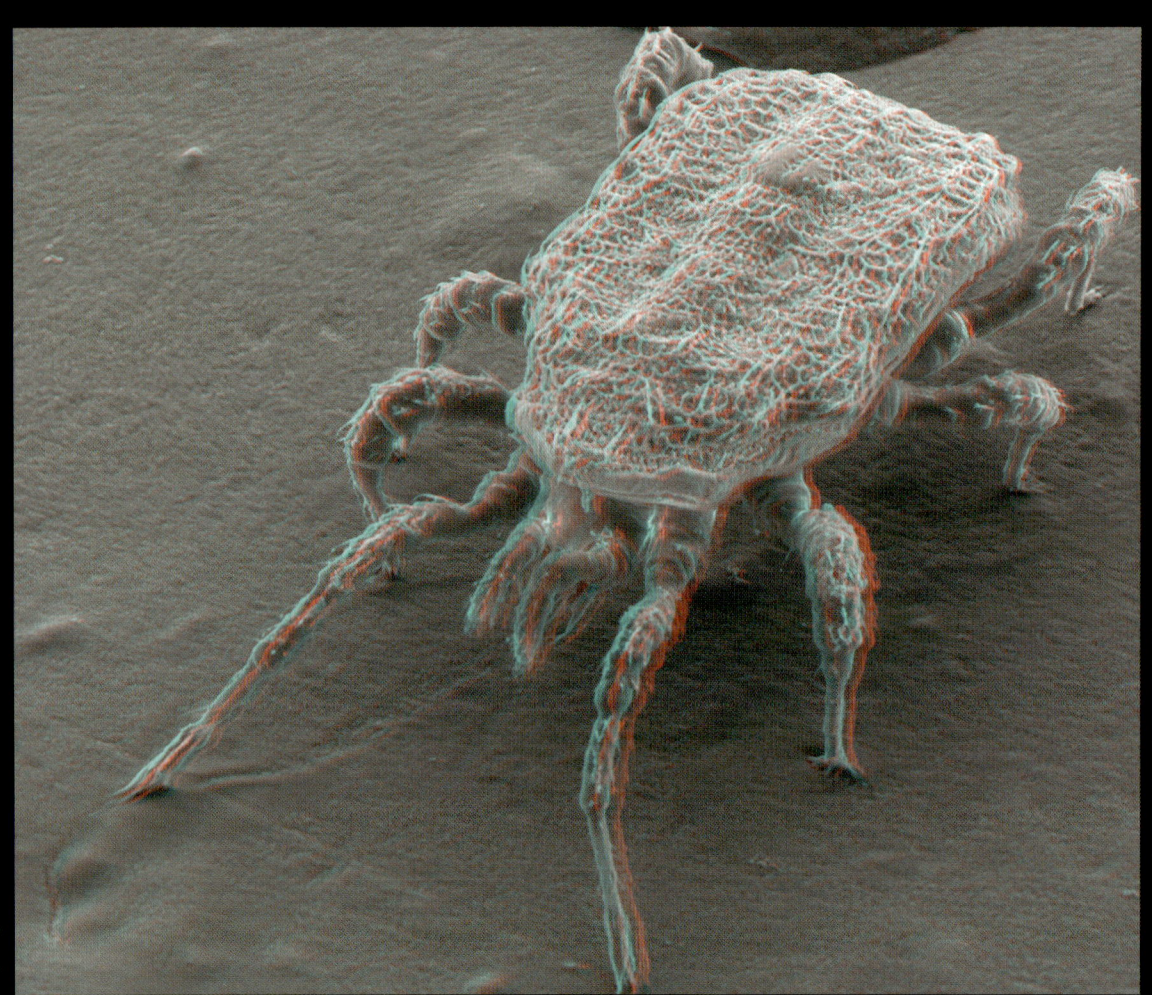

ダニ ×200

ダニのあしは8本で、頭部には、はさみのような口がある。

コナラの幹 ×650

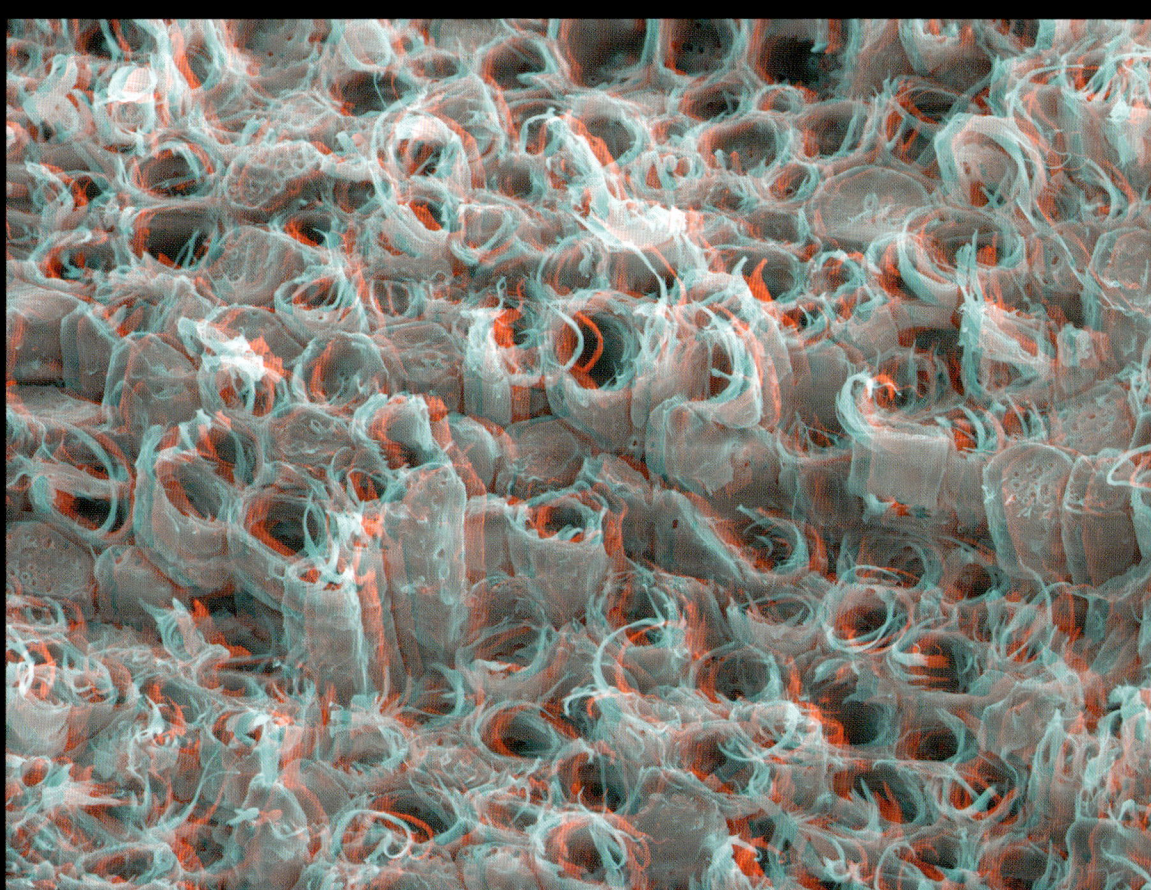

幹の断面のようす。集まっている管のようなものは、水が通る道管。

アサガオの花粉 ×150

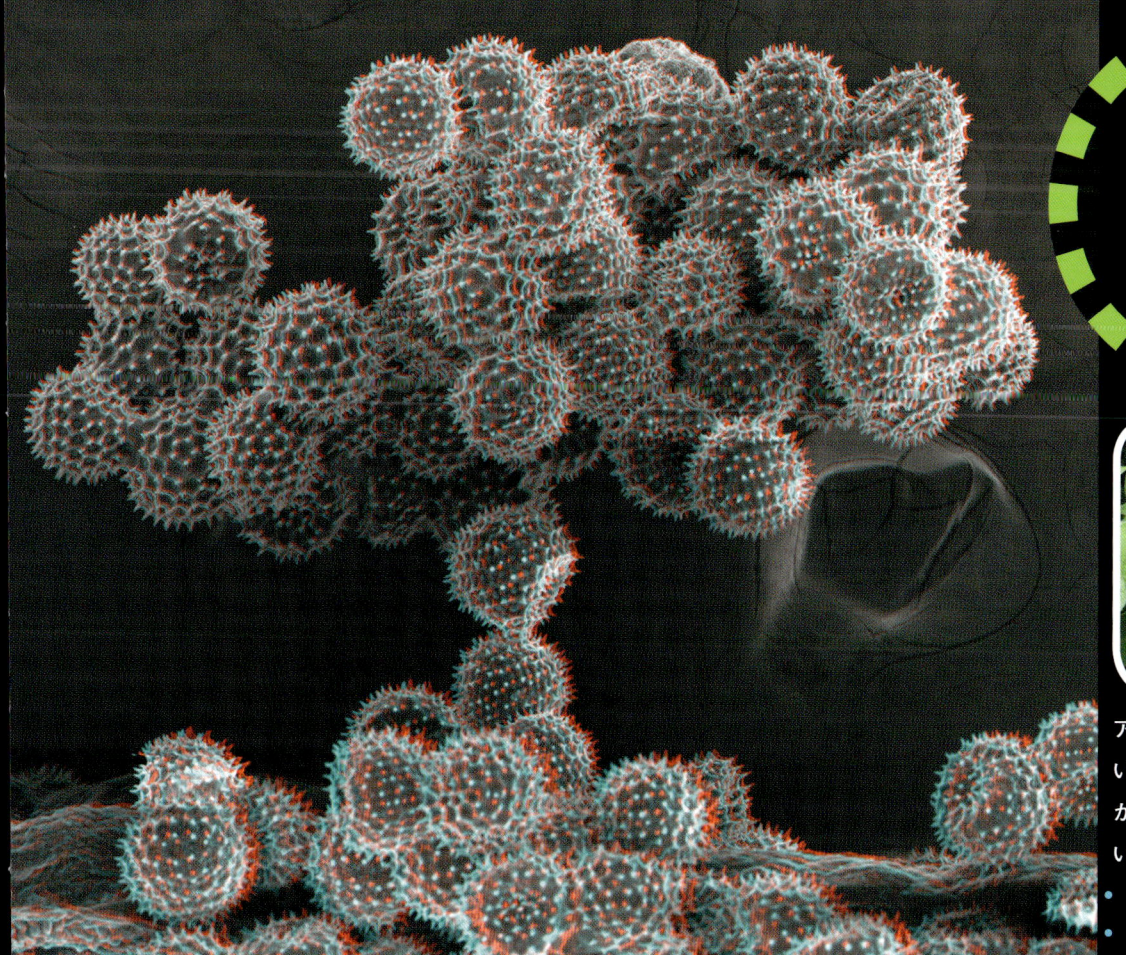

アサガオの花粉はトゲトゲしていて、ミツを吸いにくる昆虫のからだにくっつきやすくなっている。

4 生き物に学ぶ技術
を見てみよう

生き物のからだの形や構造（つくり）には、自然の中で生きのびるためのすぐれたしくみがそなわっています。生き物に学んで、そのしくみをものづくりなどでいかそうとする考えをバイオミメティクスといいます。

❂ チョウの羽のようにかがやく布

モルフォチョウのオスは、青くかがやく美しい羽をもっています。羽が青いのは、青い色素があるのではなく、羽の鱗粉が青い光を反射する構造になっているためです。このような色を構造色といいます。ここから、染めなくても美しくかがやく布やフィルムが生み出されました。

鱗粉

モルフォチョウの羽 ×270

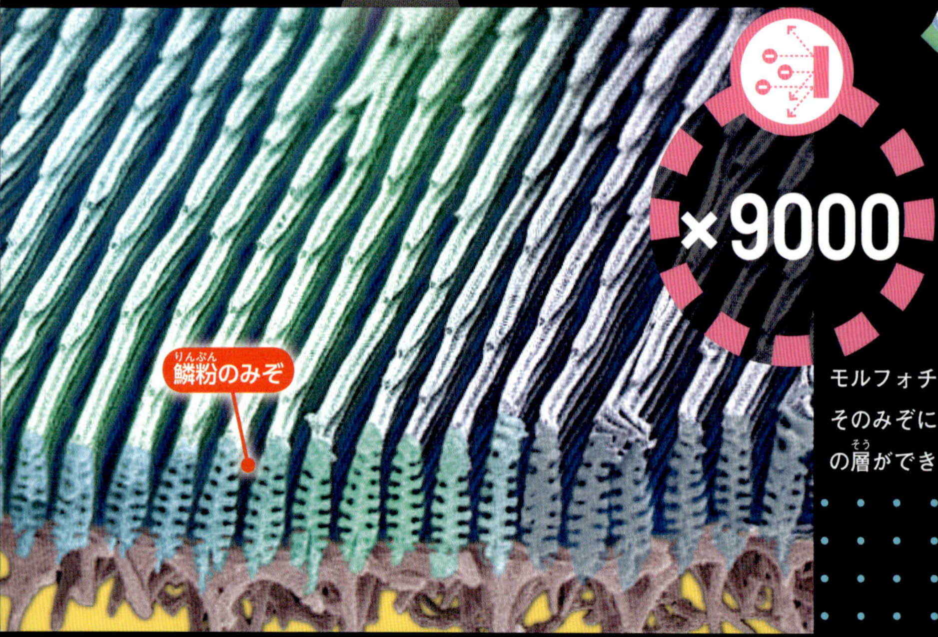

×9000

鱗粉のみぞ

モルフォチョウの羽のつくりをまねて、つくられた扇子。染めたものではないので、いつまでも色があせない。

モルフォチョウの羽の鱗粉には、細かいみぞがたくさんあって、そのみぞに、さらに細かいひだがある。ここにいくつもの空気の層ができて光を複雑に反射させ、青く光るようになっている。

水をはじくヒントはハスの葉

水中にはえているハスの葉の表面には細かい突起がたくさんあり、水をはじくようになっています。これをヒントに、水をはじくシートなどがつくられています。

ヨーグルトのふた ×40

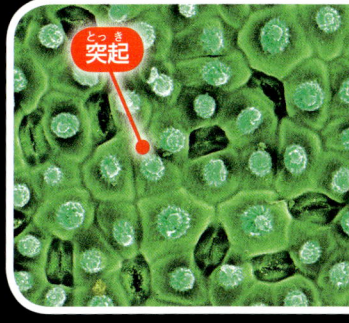

電子顕微鏡で見たハスの葉の表面。

ハスの葉をまねて開発されたヨーグルトのふた。表面に小さな突起がたくさんあるので、ヨーグルトがはじかれて、くっつかない。

ゴボウの種が衣類のテープに

ゴボウの種子にはとげがたくさんあり、服や動物の毛につくと、とれません。ここから簡単にくっつけたりはがしたりできる面ファスナーが考え出されました。面ファスナーは衣類などに使われています。

面ファスナー ×60

面ファスナーの片面にはループが、反対の面にはカギのようなものがたくさんついていて、2つの面を合わせるとくっつき、引っぱれば簡単にはなれる。

ゴボウの種子。

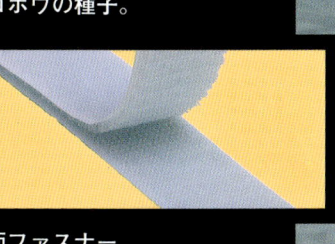

面ファスナー。

ループ

ここをループに引っかける

5 顕微鏡の歴史
を見てみよう

顕微鏡はどのように発明され、発展してきたのか、その歴史をみてみましょう。

レンズの始まり

レンズは、水晶などの透明な石をみがいたもので、紀元前8世紀にはつくられていた。このころは、太陽光を集めて火をおこすための道具だった。

◀レンズ豆。「レンズ」という名前のもとになった。

めがねの始まり

13世紀のドイツでは、緑柱石をみがいてつくったレンズが、書物の文字を拡大する読書石として使われた。このころイタリアではガラスをつくる技術が発達し、世界で最初のめがねがつくられた。

◀緑柱石の結晶

顕微鏡の発明

オランダのめがね職人だったヤンセンは、父とともに、2枚の凸レンズ(真ん中がふくらんだレンズ)で拡大鏡をつくった。これが顕微鏡の原型となった。

◀ヤンセン（1580？～1638？年）

紀元前 ── 13世紀 ── 16世紀 ── 17世紀

顕微鏡の発達

17世紀後半、イギリスの科学者ロバート・フックは、顕微鏡でコルクを観察し、コルクの中にたくさんの小部屋があることを発見した。この小部屋は「細胞」と名づけられ、のちに「すべての生物は細胞でできている」という発見につながった。

▲フック（1635～1703年）

フックがかいたコルクの絵

▲フックが使った顕微鏡

オランダの商人だったアントニー・ファン・レーウェンフックは、自分で手のひらにのる大きさの顕微鏡をつくり、さまざまなものを観察した。レーウェンフックの顕微鏡はとても倍率が高く、肉眼では見えなかった微生物の発見に成功した。

▲レーウェンフック（1632～1723年）

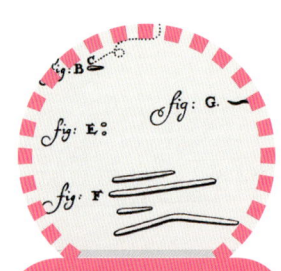

レーウェンフックがかいた微生物の絵

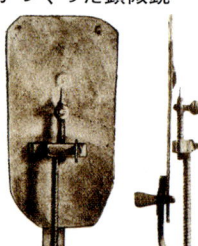

▼レーウェンフックがつくった顕微鏡

ミクロ研究の発展

19世紀には、さまざまな顕微鏡がつくられ、細菌や微生物、それらがもとで広がる伝染病の研究がさかんにおこなわれた。日本の科学者も、北里柴三郎や野口英世などが大きな研究成果をあげ、世界的に評価された。一方で、これまでつくられてきた顕微鏡では、拡大できる倍率に限りがあることもわかってきたため、より性能のいい顕微鏡の開発も進められた。

▲ペスト菌などを発見した北里柴三郎（1853～1931年）

▲北里柴三郎が使っていた顕微鏡

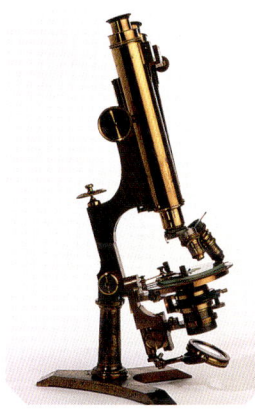
▲19世紀につくられた顕微鏡

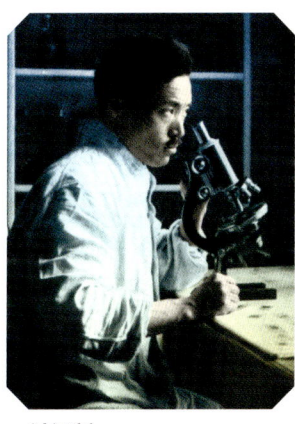
▲黄熱病の研究をおこなった野口英世（1876～1928年）

北里柴三郎が顕微鏡で見たペスト菌

19世紀 → 20世紀 → 21世紀

電子顕微鏡の誕生

1931年、ドイツの物理学者エルンスト・ルスカたちは、世界で初めて電子顕微鏡をつくった。これによって、それまでの顕微鏡（光学顕微鏡）では姿をとらえられなかったウイルスも、観察できるようになった。

▲エルンスト・ルスカ（1906～1988年）

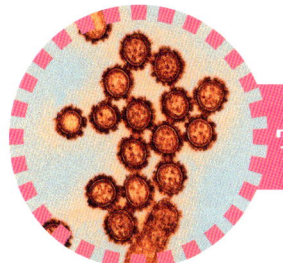
ウイルス

現在の電子顕微鏡はとても高性能になり、原子や分子の粒まで観察することができる。

シリコンの原子
シリコンは岩石などにふくまれている物質。

6 光学顕微鏡を見てみよう

わたしたちが授業で使っている顕微鏡は光学顕微鏡とよばれ、光とレンズの性質を利用したものです。

像を大きく見せるレンズ

ヒトをはじめとする動物は、外から入ってきた光を眼で感じとり、その情報を脳に伝えることによって、物を見ています。レンズには、光の進む方向を屈折させる働きがあります。

虫めがねを使うと小さなものが大きく見えるのは、虫めがねに使われている凸レンズが光を屈折させ、物を実際より大きく見せるからです。

光学顕微鏡には、2枚以上のレンズが使われていて、さらに小さなものを観察することができます。

物を見るときは、外からの光を眼が感じとり、脳に伝える。眼球の水晶体は凸レンズの働きをして光を屈折させ、スクリーンである網膜に像を結ぶ。

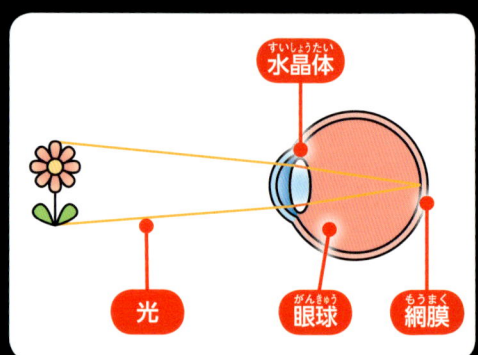

虫めがねを使うと、光が屈折して眼にとどく。すると脳は、見ているものが点線の大きさだと錯覚する。

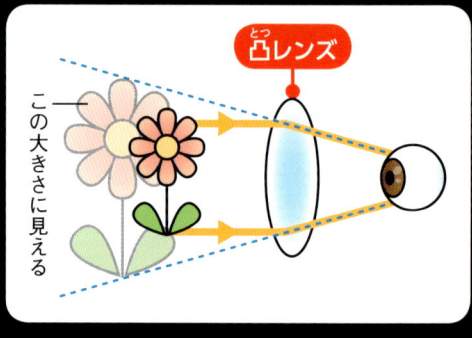

光学顕微鏡は、2枚の凸レンズを組み合わせて、見ているものの大きさをさらに大きいと脳に錯覚させる。

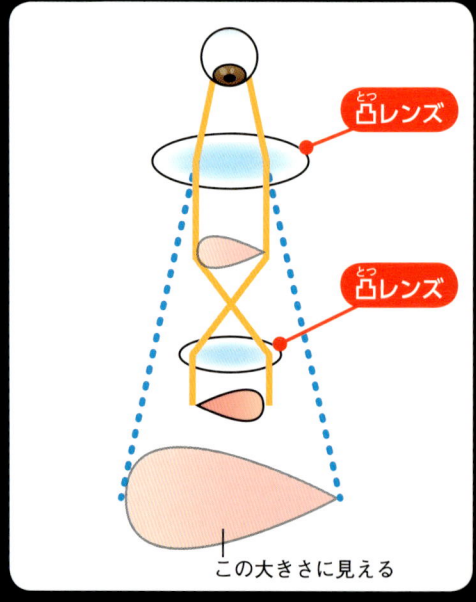

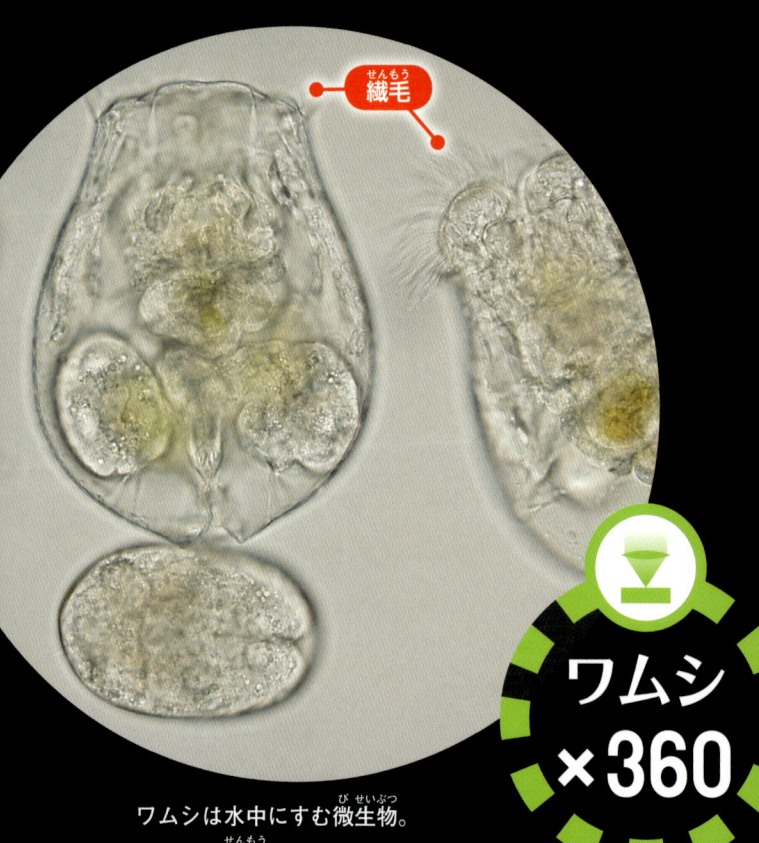

ワムシ ×360

ワムシは水中にすむ微生物。頭にある繊毛を動かして泳ぐ。

いろいろな光学顕微鏡

光学顕微鏡にはさまざまな種類があり、調べるものに合わせて使い分けられています。

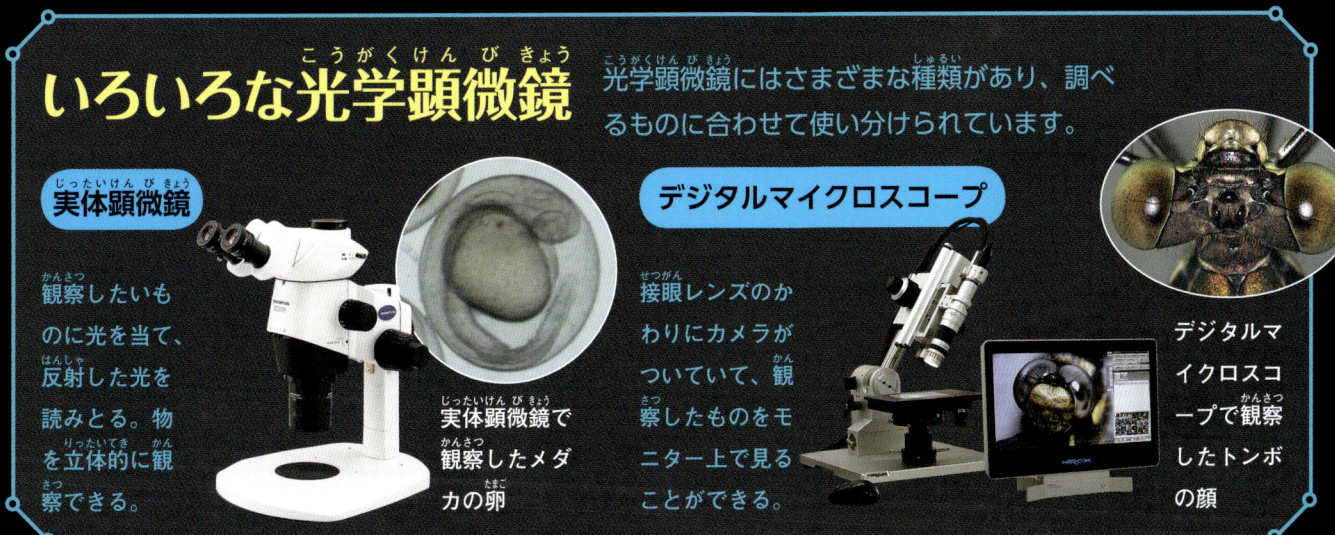

実体顕微鏡

観察したいものに光を当て、反射した光を読みとる。物を立体的に観察できる。

実体顕微鏡で観察したメダカの卵

デジタルマイクロスコープ

接眼レンズのかわりにカメラがついていて、観察したものをモニター上で見ることができる。

デジタルマイクロスコープで観察したトンボの顔

光学顕微鏡の使い方

光学顕微鏡を使うときは、対物レンズをいちばん低い倍率にして、試料（観察するもの）をステージに置きます。次に調節ねじを回して、ステージと対物レンズをできるだけ近づけます。そして接眼レンズをのぞきながらステージと対物レンズをはなしていき、はっきりと見えたところで止めて、観察します。

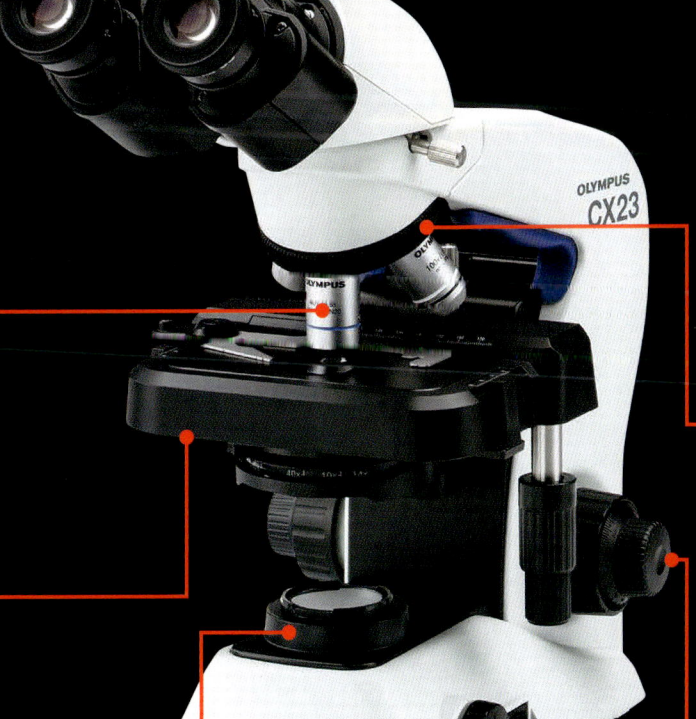

対物レンズ
試料の近くにあるレンズ。倍率のちがうレンズがついているので、試料に合わせて変える。対物レンズの倍率と接眼レンズの倍率をかけたものが、観察する倍率になる。

ステージ
試料をのせる台。クリップがついていて、これでプレパラートをとめる。

照明

接眼レンズ
対物レンズで拡大された像を、さらに拡大するレンズ。ここをのぞいて観察する。接眼レンズが1つのものは単眼顕微鏡、2つのものは双眼顕微鏡とよばれる。

レボルバー
対物レンズがはめこまれた台。これを回転させると、倍率のちがう対物レンズに変えられる。

調節ねじ
ステージの高さを調節するねじ。ここを回してステージを上下させ、はっきり見える位置を決める。

31

でんぷんの観察

学校の理科の実験で使う光学顕微鏡は、見たいものに光を当てて、通りぬけた光の像を観察します。このため、光が通りぬけられるように、試料をガラスではさんだプレパラートをつくります。サツマイモからでんぷんをとって、プレパラートをつくってみましょう。

でんぷんのとり方

サツマイモのほか、ジャガイモやカボチャなどのでんぷんもこの方法でとることができます。

1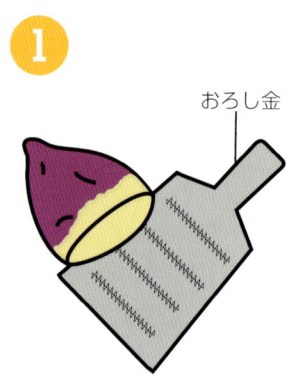
サツマイモの皮をむき、おろし金を使ってすりおろす。

2
すりおろしたサツマイモを、2～3枚重ねたガーゼで包んで、水の入った器の中でよくしぼる。

3
器の底にでんぷんが沈殿（しずむこと）したら、うわずみを捨てる。また水を加えてかきまぜ、でんぷんが沈殿したら、うわずみを捨てる。これを2～3回くり返す。

4
うわずみが透明になり、沈殿したでんぷんが白くなったら、うわずみをできるだけ多く捨てて、自然に乾燥させる。水気がなくなったら、よくほぐす。

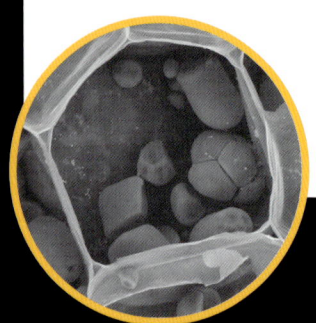
すりおろす前のサツマイモのでんぷんの粒は、細胞の中にある。（×330、電子顕微鏡像）

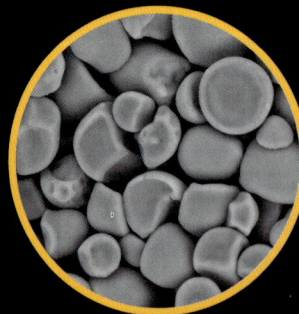
サツマイモからとり出したでんぷんは細胞壁がこわれ、粒がバラバラになっている。（×500、電子顕微鏡像）

プレパラートのつくり方

1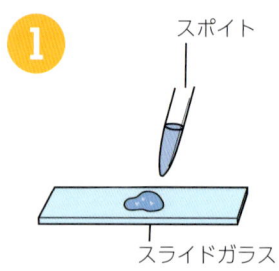
1mLの水にでんぷんを少しだけとかす。スポイトを使ってこれを1～2滴スライドガラスにたらす。

2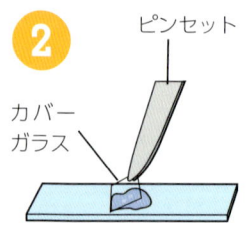
❶の上にカバーガラスをのせる。カバーガラスとスライドガラスの間に空気のあわが入りこまないよう、静かに置く。

3
よぶんな水をティッシュなどでそっと吸いとる。スライドガラスとカバーガラスがぴったり張りついたら完成。

ペットボトルで手づくり顕微鏡

ペットボトルを使って、簡単な顕微鏡をつくってみましょう。

用意するもの
- ペットボトルのキャップ（内側がでこぼこしていないもの）
- ペットボトル
- 直径2mmぐらいのビーズ玉。透明で、穴があいていないもの。
- キッチンばさみ
- セロハンテープ
- 千枚通し（または、きり）
- 紙やすり
- 観察したいもの

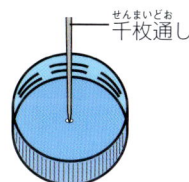

1 キャップに、ビーズより少し小さい穴をあける。穴のまわりを紙やすりできれいにする。

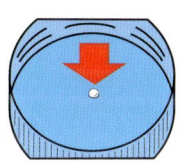

2 キャップの内側から穴にビーズをおしこむ。ビーズにふれないように手袋などをはめる。

3 キャップの内側からセロハンテープをはって、ビーズが動かないようにする。

4 キッチンばさみでペットボトルの上の部分を切る。

5 6〜7cmに切ったセロハンテープを粘着面を上にして置き、真ん中に観察したいものをのせる。

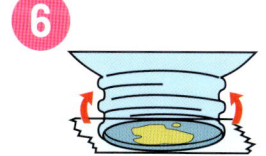

6 5のセロハンテープの上に、ペットボトルの口の部分を置いて、テープをはりつける。

7 ペットボトルの口に、3のキャップをしたら、できあがり。

8 ペットボトルの台を、電灯などがある明るいほうに向けてのぞく。キャップをしめて、ピントを合わせる。

注意 顕微鏡で太陽のほうを見てはいけません。

手づくり顕微鏡で見てみよう

綿花

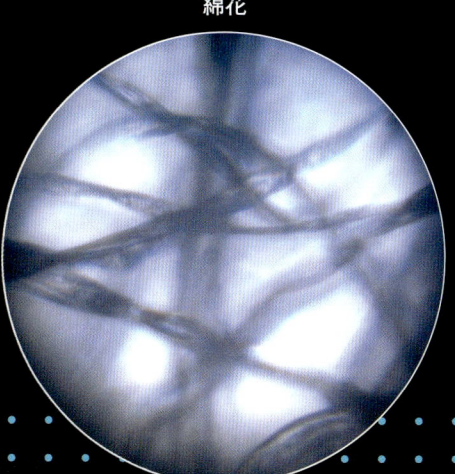

チョウの鱗粉

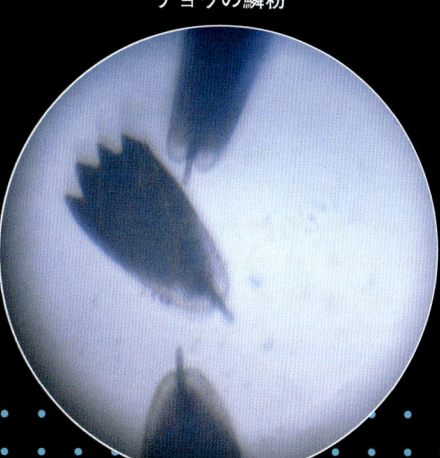

ユリの花粉

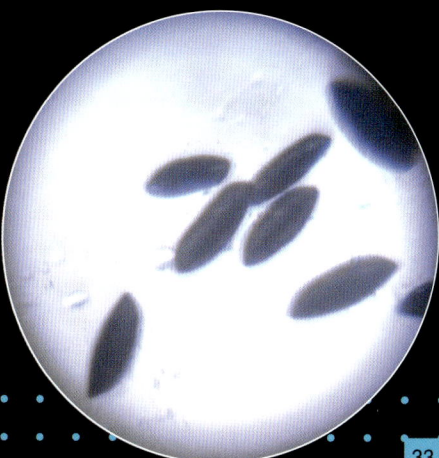

7 電子顕微鏡を見てみよう

電子顕微鏡は、光学顕微鏡より小さなものを見ることができます。電子顕微鏡には、透過型と走査型の2種類があります。

電子って何だろう？

電子顕微鏡は、光のかわりに電子を利用して物を観察します。電子は、水素や酸素などの元素（原子）をかたちづくっているものの1つで、電子の流れは電流とよばれます。光と電子はどちらも波のような性質をもっていますが、電子のほうが光より波が小さいので、電子を使うと光より小さなものを観察することできます。電子はふつうのレンズでは曲がらないため、かわりに磁力（磁石の力）を使って屈折させます。

原子のつくり

原子の中心には原子核があり、そのまわりを電子が回っている。電子の数は原子によってちがう。

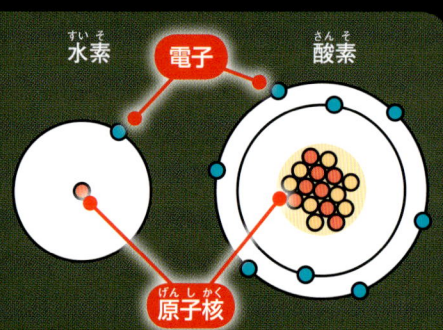

電流のしくみ

電子は、－の電気をおびているので、電池の＋の極に引かれて流れる。これを電流という。

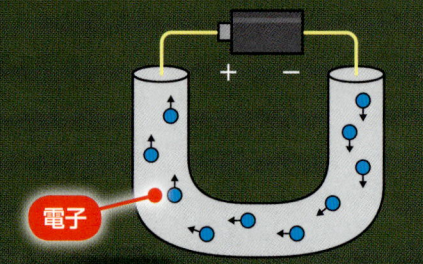

光と電子の波長

光も電子も、波のように伝わっていきます。波がくり返すときの、1つの波から次の波までの長さを波長といいます。人間に見える光の波長は0.4～0.8μmで、光学顕微鏡では0.2μmより小さいものは見られません。しかし、電子の波長は光の10万分の1以下なので、1nmのものでも観察できます。

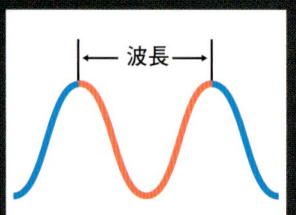

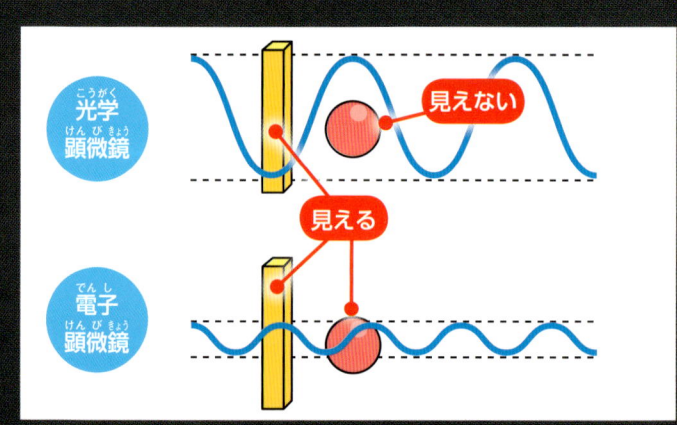

光学顕微鏡は、光の波長より小さなものを見ることはできない。電子の波長は光より短いので、電子顕微鏡では、より小さいものを見ることができる。

透過型電子顕微鏡

透過型電子顕微鏡は、試料（観察するもの）に電子の束である電子線を当て、通りぬけた電子から像を読みとる機械です。使うときは、電子線が通りやすいように、試料を0.1μm（0.0001mm）よりうすくします。透過型電子顕微鏡では、物の中のようすをくわしく知ることができます。

透過型電子顕微鏡のしくみ

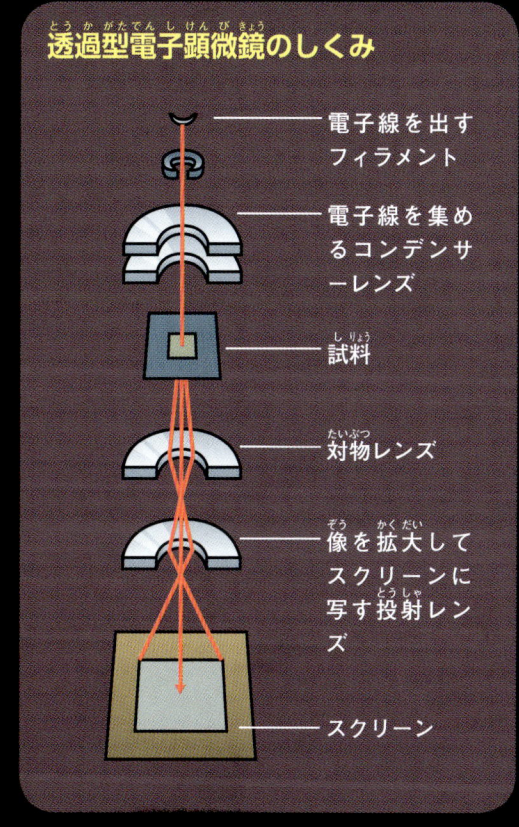

- 電子線を出すフィラメント
- 電子線を集めるコンデンサーレンズ
- 試料
- 対物レンズ
- 像を拡大してスクリーンに写す投射レンズ
- スクリーン

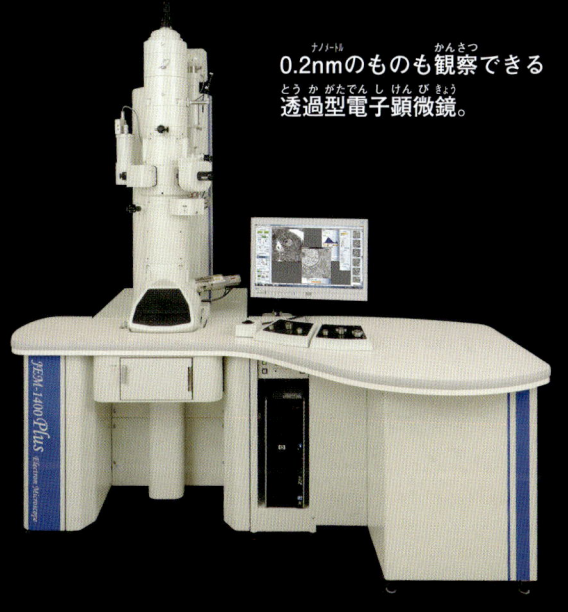

0.2nmのものも観察できる透過型電子顕微鏡。

インフルエンザウイルス ×21万1500

透過型電子顕微鏡で観察したインフルエンザウイルス。

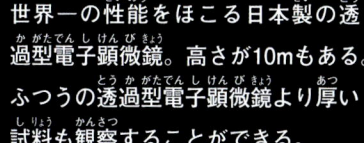

世界一の性能をほこる日本製の透過型電子顕微鏡。高さが10mもある。ふつうの透過型電子顕微鏡より厚い試料も観察することができる。

走査型電子顕微鏡は、試料に電子線を当て、はね返ってきた電子から像を読みとる機械です。透過型電子顕微鏡とちがって試料をうすくする必要はありませんが、電子が流れにくいときは試料の表面を金属のまくでおおいます。走査型電子顕微鏡は、物の表面のようすをくわしく知るのに適しています。

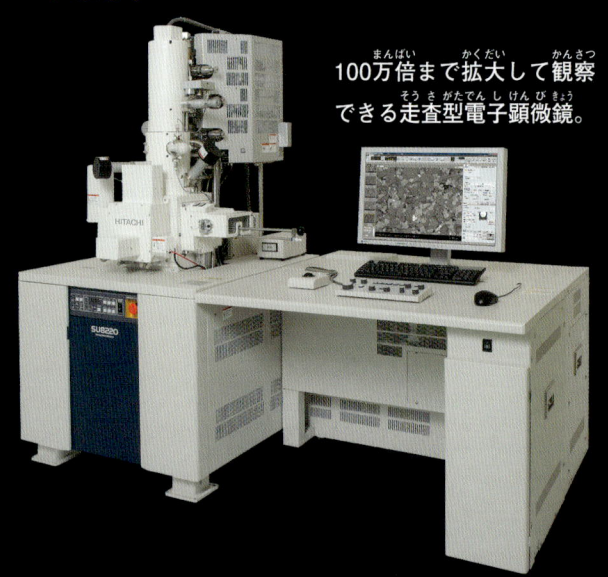

100万倍まで拡大して観察できる走査型電子顕微鏡。

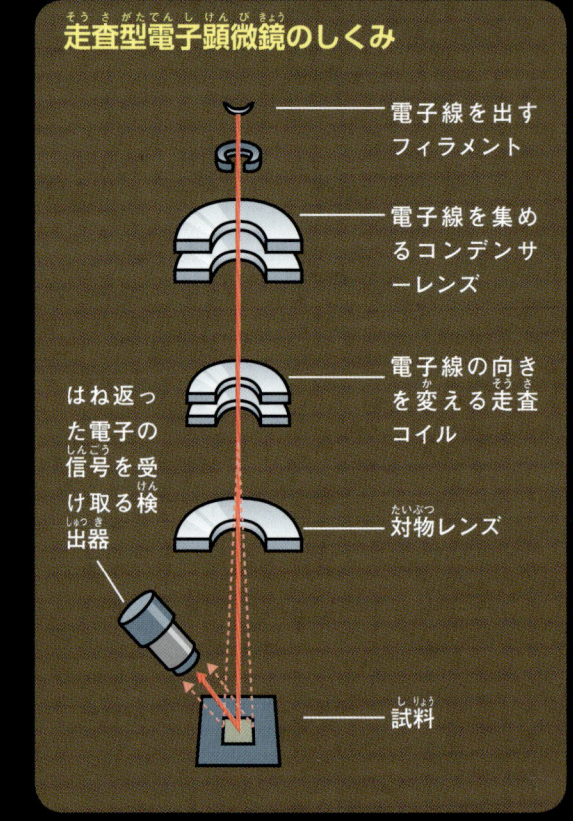

走査型電子顕微鏡のしくみ

- 電子線を出すフィラメント
- 電子線を集めるコンデンサーレンズ
- 電子線の向きを変える走査コイル
- 対物レンズ
- はね返った電子の信号を受け取る検出器
- 試料

ミトコンドリア ×4万1000

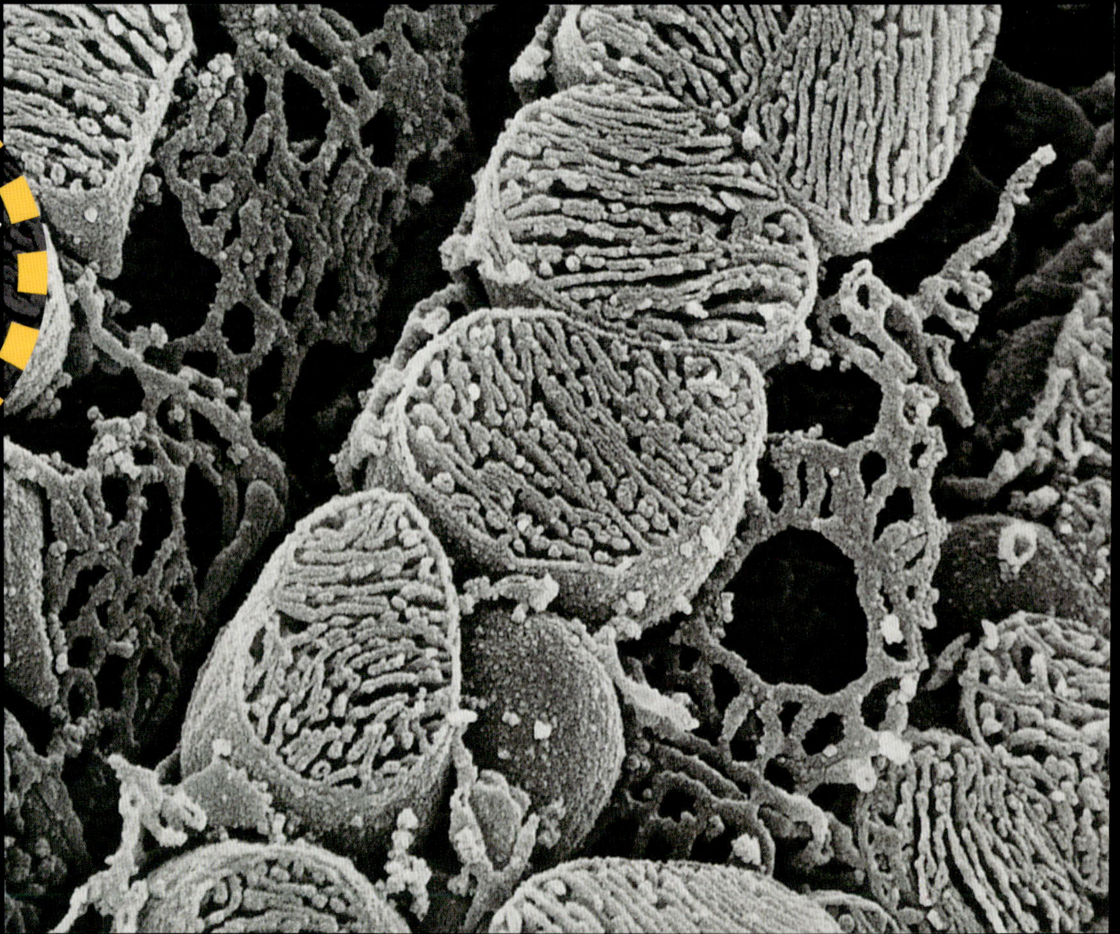

ミトコンドリアは生物の細胞の中にあり、エネルギーをつくりだす。写真は心筋（心臓の筋肉）のミトコンドリアで、直径は0.5μm、長さは2〜3μmぐらい。

卓上電子顕微鏡を使ってみよう

卓上電子顕微鏡は、小型で、操作が簡単です。見られる像は色がありませんが、光学顕微鏡ではとらえられない小さなものまで観察することができます。

1 試料を用意する
試料を用意して、試料台にのせる。

2 試料台をセットする
試料台を電子顕微鏡の中に置く。試料室や、電子顕微鏡の中は真空になっている。

3 電子線を出す
高い電圧をかけて電子線を出し、試料に当てる。

卓上電子顕微鏡（日本電子）

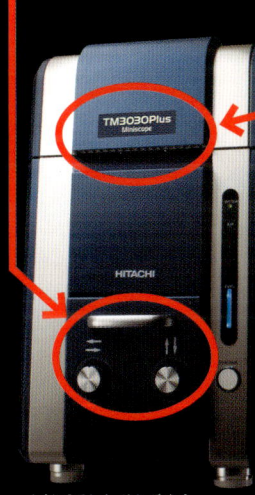
卓上電子顕微鏡（日立ハイテクノロジーズ）

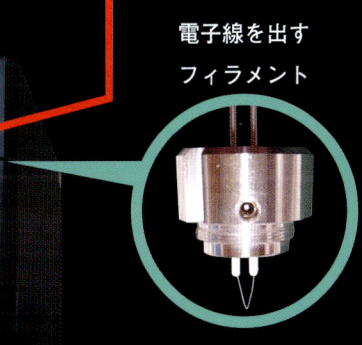
電子線を出すフィラメント

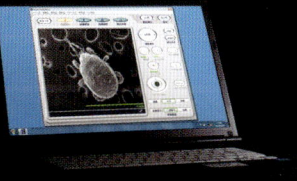

4 モニターで観察する
モニターには、試料の拡大画像が表示される。モニター上で、倍率を変えたり、ピントを合わせたりすることができる。

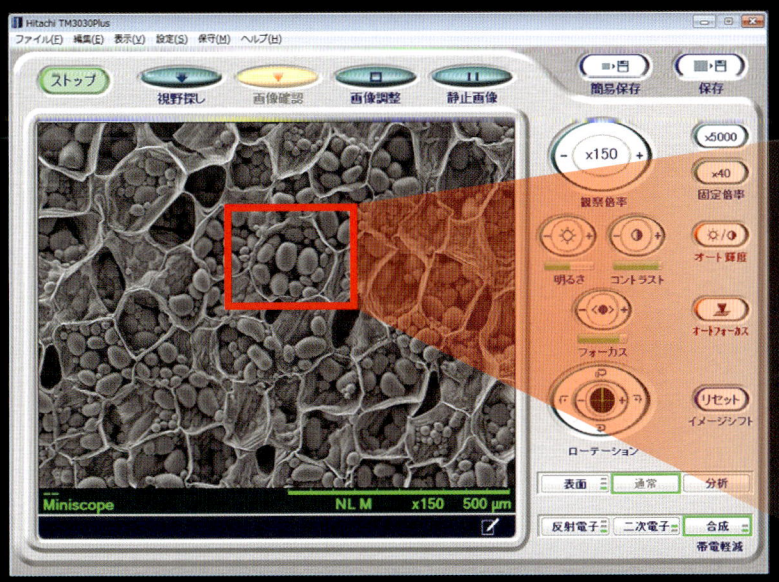

ジャガイモのでんぷんのようすを観察することができた。

子ども ミクロワールド写真館

幼稚園から小学校6年までの子どもたちが、電子顕微鏡を使ってミクロの世界の撮影に挑戦！
身近にあるもののおどろきの姿を写した傑作が集まりました。

卵のからのまく
東京都／青木直翔さん

卵のからの内側のまくは、とても細い繊維が集まってできていた。

ユリの花粉
東京都／加藤奈那子さん

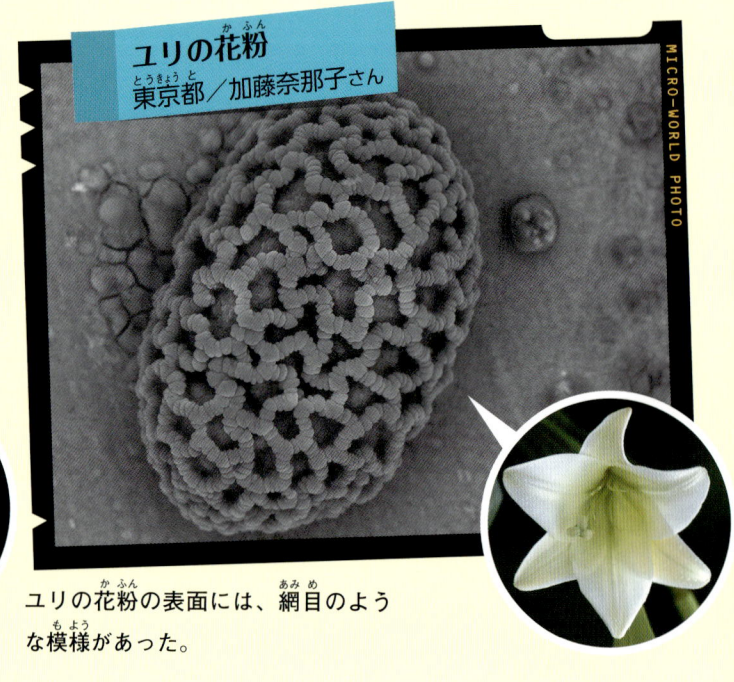

ユリの花粉の表面には、網目のような模様があった。

バニラビーンズ
群馬県／小野亜紗実さん

さやの中に、卵のような形をした種がいっぱい入っていた。

イカの吸盤
千葉県／廣瀬 凛さん

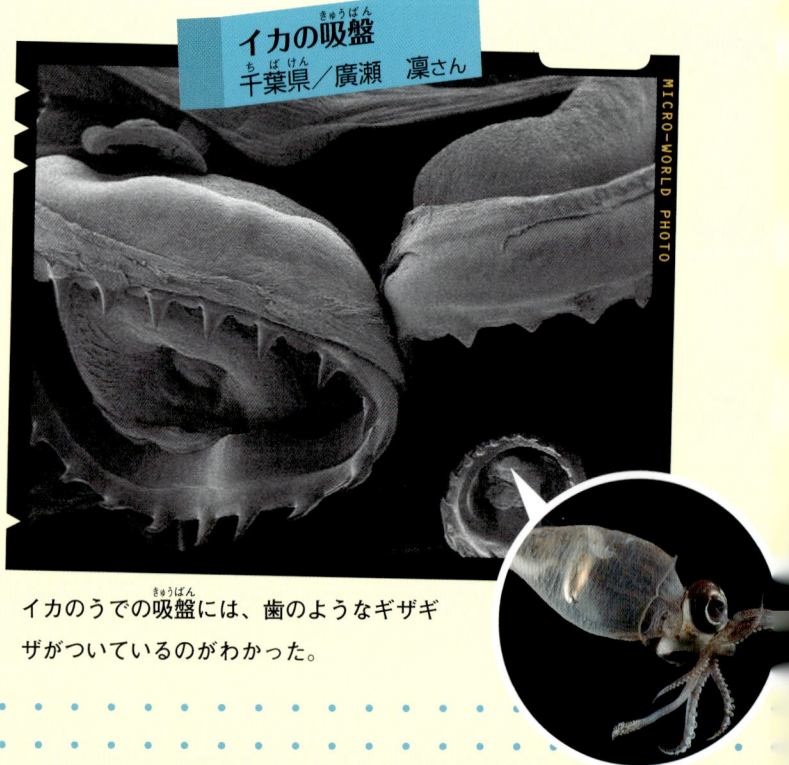

イカのうでの吸盤には、歯のようなギザギザがついているのがわかった。

カップめん
東京都／宮澤康一朗さん

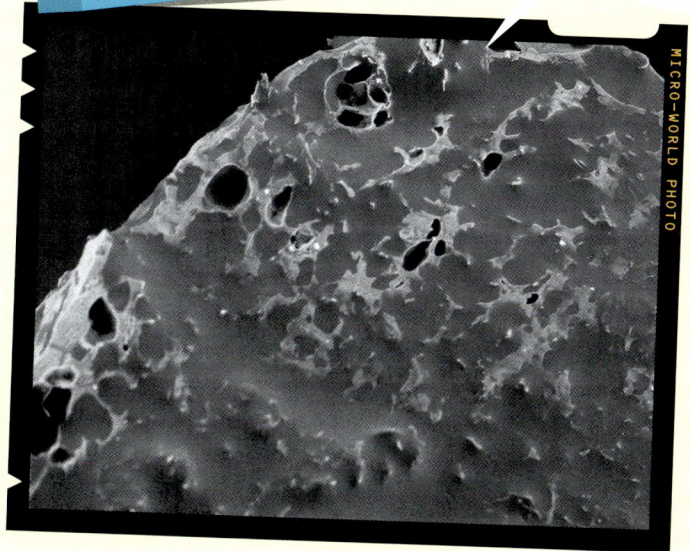

湯を注ぐ前の乾燥しためんの断面を観察すると、穴はあまりなく、つまっている感じがした。

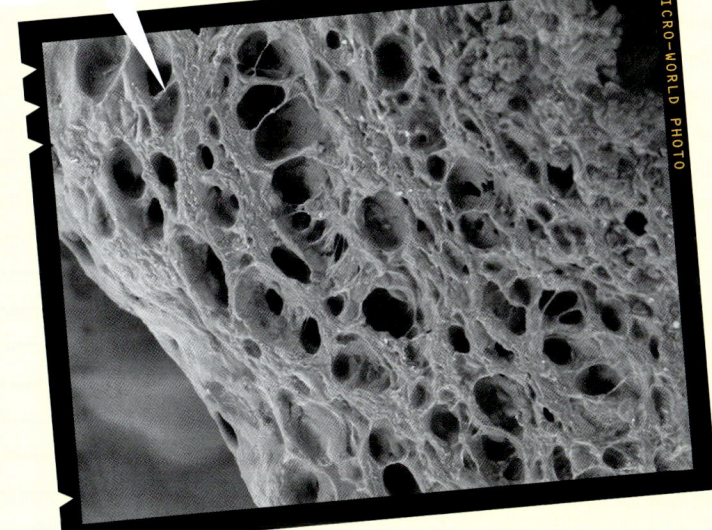

湯をかけたあとのめんの断面には、穴がたくさんできていた。

塩
東京都／大野倫弥さん

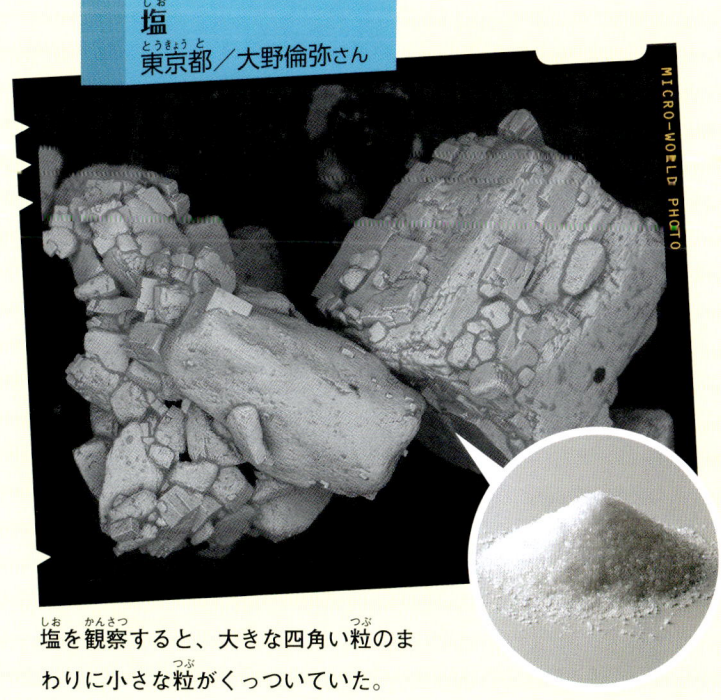

塩を観察すると、大きな四角い粒のまわりに小さな粒がくっついていた。

砂糖
茨城県／元澤海音さん

砂糖は、いろいろな大きさや形の粒が集まっていた。

さくいん

あ
- アサガオ（花粉）　25
- アントニー・ファン・レーウェンフック　28
- イカ（吸盤）　14、38
- インフルエンザウイルス　35
- エルンスト・ルスカ　29
- オオマダラカゲロウ　4、12

か
- カ　12
- カップめん　39
- カビ　4、18、23
- 北里柴三郎　29
- ケイソウ　5、11
- 元素　34
- げんこつあめ　17
- 顕微鏡（光学顕微鏡）　2、5、28、29、30、31、33、34、37
- コーンスナック　19
- コナラ（幹）　25
- ゴボウ　27
- こんぺいとう　16

さ
- サザンカ（花粉）　4、21
- 砂糖　18、39
- 実体顕微鏡　31
- 食塩（塩）　7、39
- 試料　31、32、35、36、37
- ステージ　31
- 石細胞　8
- 接眼レンズ　31
- 走査型電子顕微鏡　5、36
- ソバ（実）　7、19

た
- 対物レンズ　31、35、36
- 卓上電子顕微鏡　37
- 竹炭　10
- ダニ　24
- 卵のから　6、38
- たんきりあめ　17
- チョウ　15、26、33
- デジタルマイクロスコープ　31
- 手づくり顕微鏡　33
- 電子　34、35、36

な
- 電子顕微鏡　2、3、29、32、34、37
- 天体望遠鏡　3
- でんぷん　7、19、32、37
- 透過型電子顕微鏡　5、35
- 凸レンズ　28、30
- ナイロン　9
- ナシ　8
- 野口英世　29

は
- バイオミメティクス　26
- ハエトリソウ　24
- ハス　27
- 波長　34
- 発泡スチロール　10
- バニラビーンズ　38
- プレパラート　31、32
- べっこうあめ　16
- 望遠鏡　2、3

ま
- マグロ　13
- ミツバチ　15、22
- ミトコンドリア　36
- 虫めがね（ルーペ）　30
- メダカの卵　31
- メロンパン　18
- 綿花　33
- 面ファスナー　27
- 木綿　9
- モルフォチョウ　4、26

や
- ヤモリ（あし）　22
- ヤンセン　28
- ユリ（花粉）　33、38
- ヨーグルトのふた　27

ら
- 立体写真　20
- 立体めがね　20
- レンズ　28、30、34
- ロバート・フック　28

わ
- ワムシ　30

【監修】
宮澤七郎………医学生物学電子顕微鏡技術学会　名誉理事長・
　　　　　　　最高顧問

【編集】
医学生物学電子顕微鏡技術学会

【編集責任】
根本典子………北里大学医学部バイオイメージング研究センター

【編集委員】
宮澤七郎
根本典子
佐々木正巳……玉川大学名誉教授
中村澄夫………神奈川歯科大学名誉教授
関　啓子………元東京慈恵会医科大学特任教授
中澤英子………株式会社 日立ハイテクノロジーズ

【執筆】
宮澤七郎
根本典子
中村澄夫
関　啓子
尾関教生………愛知医科大学
広瀬治子………帝人株式会社
中澤英子
坂上万里………株式会社 日立ハイテクノロジーズ
伊藤洋明………株式会社 日立ハイテクノロジーズ
小嶋義浩………日本電子 株式会社
森　俊幸………株式会社 ハイロックス

【写真提供・画像処理・撮影】
医学生物学電子顕微鏡技術学会
佐々木正己
学校法人 北里研究所 北里柴三郎記念室
宮澤康人………株式会社 東京建設コンサルタント
谷　友樹………株式会社 日立ハイテクノロジーズ
中山佳秀………日本電子 株式会社
オリンパス 株式会社
株式会社 江田商会
森下展子
土屋貴章（オフィス303）

【企画・編集】
渡部のり子・小嶋英俊（小峰書店）
常松心平・飯沼基子（オフィス303）

【装丁・本文デザイン】
T.デザイン室（倉科明敏）

【本文イラスト】
小池菜々恵

【写真協力】
amanaimages…P. 2・3・10・11・12・13・14・15・19・22・23・24・
　　　　　　　25・26・27・28・29・38・39
photolibrary…P.3・6・7・8・9・10・16・17・18・21・27・28・33・
　　　　　　　38・39
PIXTA…………P.24

医学生物学 電子顕微鏡技術学会

医・歯・薬・理・工・農学の分野の研究者・技術者が、電子顕微鏡の技術の発展や研究成果の普及、学術交流のために活動しています。社会貢献のひとつとして、毎年「子ども体験学習」も開催しています。

ミクロワールド大図鑑
ミクロの世界を探検しよう

2016年3月24日　第1刷発行
2019年5月30日　第3刷発行

監修者　宮澤七郎
発行者　小峰広一郎
発行所　株式会社小峰書店
　　　　〒162-0066 東京都新宿区市谷台町 4-15
　　　　TEL 03 3357 3521　FAX 03 3357-1027
　　　　https://www.komineshoten.co.jp/
印刷・製本　図書印刷株式会社

©Shichiro Miyazawa, Komineshoten
2016　Printed in Japan
NDC 460　40p　29 × 23cm
ISBN978-4-338-29804-9

乱丁・落丁本はお取り替えいたします。
本書のコピー、スキャン、デジタル化等の無断複製は著作権法上での例外を除き禁じられています。本書を代行業者等の第三者に依頼してスキャンやデジタル化することは、たとえ個人や家庭内での利用であっても一切認められておりません。

立体めがねの型紙　20ページを見てつくりましょう。

―――― 切る線
- - - - - 折る線

この型紙をコピーして厚紙にはってから切ると、上手につくれます。

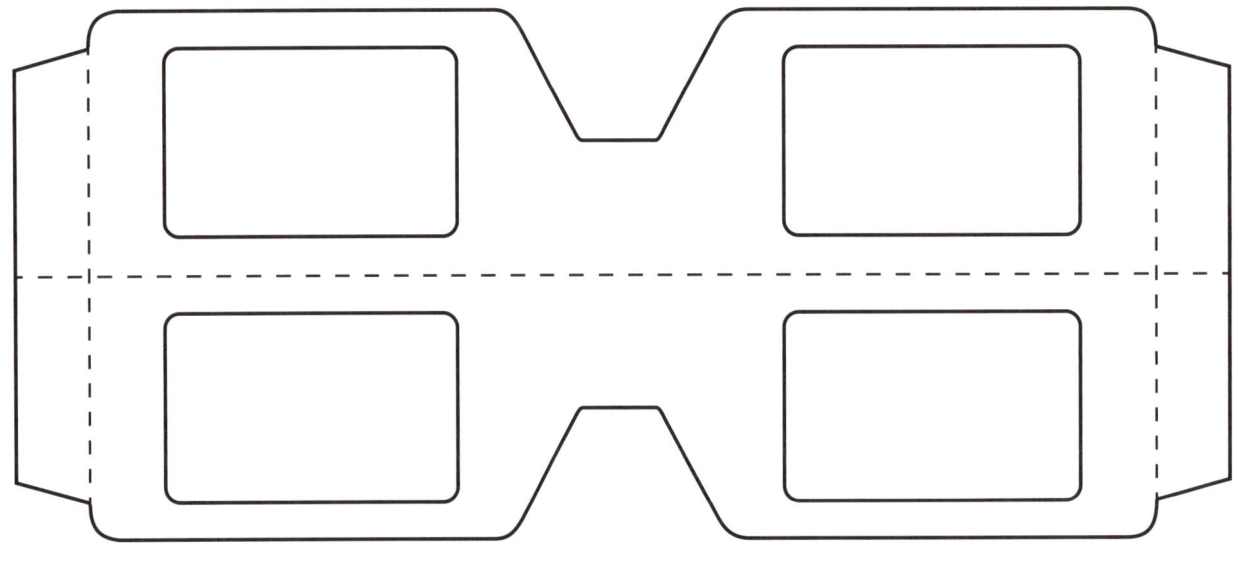

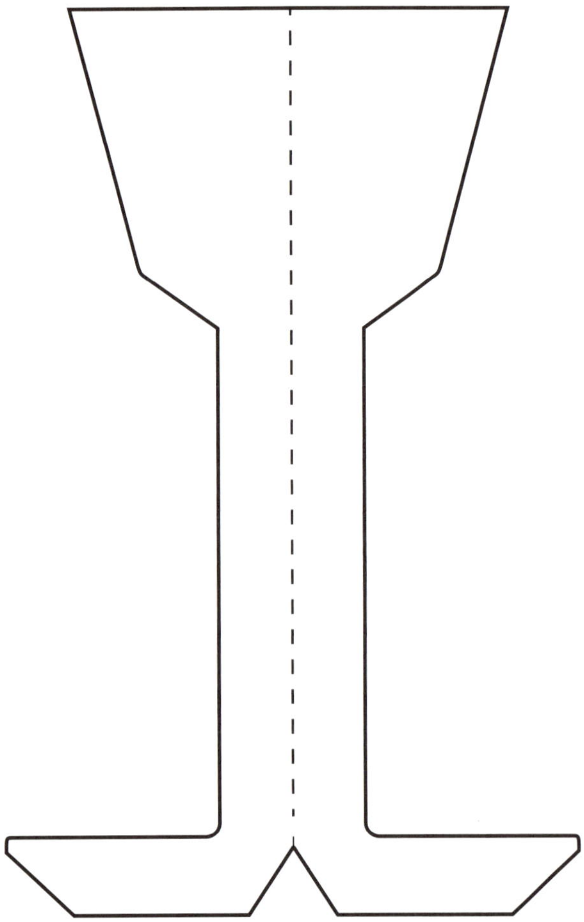

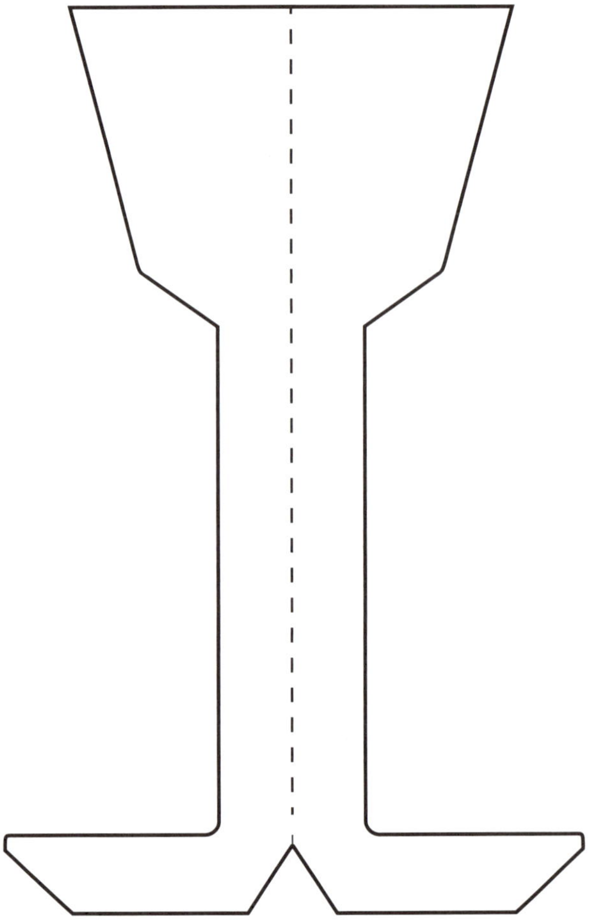